Bauwelt Fundamente 72

D1618022

Alexander Tzonis
Liane Lefaivre

Das Klassische
in der Architektur

Die Poetik der Ordnung

Friedr. Vieweg & Sohn   Braunschweig/Wiesbaden

Titel des Originalmanuskripts:
Classicism in Architecture. The Poetics of Order
© Alexander Tzonis und Liane Lefaivre
Aus dem Amerikanischen von Susanne Siepl

Alle Rechte an der deutschen Ausgabe vorbehalten.
© Friedr. Vieweg & Sohn Verlagsgesellschaft mbH, Braunschweig 1987
Umschlagentwurf: Helmut Lortz
Satz: Satzstudio Frohberg, Freigericht
Druck und buchbinderische Verarbeitung: Lengericher Handelsdruckerei,
Lengerich
Printed in Germany

ISBN 3-528-08772-2   ISSN 0522-5094

Hariclea Xanthopoulou-Tzonis (1906–1983) zum Gedächtnis

Denn Diotima lebt, wie die zarten Blüten im Winter,
   Reich an eigenem Geist, sucht sie die Sonne doch auch.
Aber die Sonne des Geists, die schönere Welt, ist hinunter
   Und in frostiger Nacht zanken Orkane sich nur.

Friedrich Hölderlin, Diotima (1798)

Es war die Akropolis, die aus mir einen Revoltierenden gemacht hat.
Diese Gewißheit ist mir geblieben: „Erinnere Dich des Parthenon —
scharfkantig, rein, durchdringend, schlicht, gewaltig —,
dieser Aufschrei, hineingeworfen in eine Landschaft,
die aus Milde und Schrecken gemacht ist. Kraft und Reinheit."

Le Corbusier, Air — Son — Lumière, in:
Annales Techniques Nr. 44, 1933, S. 1140
(IV. CIAM, 1933)

Inhalt

Zur deutschen Ausgabe

Dieses Buch beschäftigt sich mit der Poetik der klassischen Architektur. Unsere Aufgabe bestand darin herauszufinden, auf welche Weise klassische Gebäude hinsichtlich ihrer formalen Komposition entstanden sind, und wie diese Kompositionen zu tragischem Diskurs, zu Kunstwerken von kritischer, moralischer und philosophischer Bedeutung wurden. Diese Betrachtungsweise muß als Ergänzung zu Untersuchungen verstanden werden, die das klassische Gebäude als ikonographisches bzw. tektonisches Objekt in den Mittelpunkt stellen. Unser Vorgehen resultiert aus dem Bemühen, das Geheimnis der ewigen Jugend der klassischen Architektur zu verstehen, eine Qualität, die sie mit der klassischen Musik, der Dichtkunst und der Malerei teilt.

Unsere Rekonstruktion der klassischen Architekturpoetik stützt sich auf eine Anzahl unterschiedlicher Quellen. So beziehen wir uns zum Beispiel auf Vitruv und auf Schriften der sogenannten vitruvianischen Tradition, aber auch auf Architekturillustrationen, die zwar Teil dieser Tradition sind, gleichzeitig aber einen selbständigen Diskurs darstellen. Etwas unkonventionell mag erscheinen, daß wir auch auf Aristoteles sowie auf Autoren zurückgreifen, die sich mit Musik und Rhetorik beschäftigt haben, aber auch auf Šklovskij, jenen Theoretiker der Tragik im weitesten Sinne. Andere Autoren werden in dieser Übersicht nicht zitiert, so etwa Vignola, Schenkl und Engels, um nur einige zu nennen. Der Grund dafür liegt darin, daß es uns keineswegs darum ging, die gesamte klassische Tradition zu präsentieren. Vielmehr war es unsere Absicht, die Poetik der klassischen Tradition so anschaulich wie möglich darzustellen.

Dieser Essay ist eine kritische Antwort auf einige Beispiele, in denen das Klassische in der Architektur heute Anwendung findet. Wir glauben, daß eine Rückkehr zur klassischen Architektur nur dann sinnvoll ist, wenn sie als Mittel zur Reflexion der klassisch-humanistischen Tradition, aus der sie hervorgegangen ist, verstanden wird, und zu deren Wiederbelebung beiträgt. Die klassische Architektur bedeutet mehr als die Auflösung von Regeln architektonischen Schaffens, sie ist mehr als nur Ausdrucksform nostalgischer Sentiments.

Dieses Buch basiert zum Teil auf unserer früheren Veröffentlichung „De taal van de klassicistiese architektuur" (Nijmegen: SUN, 1983). Unser ganz besonderer Dank gilt Denis Bilodeau für seine Unterstützung hinsichtlich der visuellen Dokumentation jenes Buches. Ermöglicht wurde die Ausführung dieser Untersuchung auch durch die Unterstützung im Rahmen des Voorwaardelijke Financiering Programms der niederländischen Regierung. Unser Dank geht an die Bibliothek der Architekturabteilung der Technischen Hochschule Delft, die Blackeder Library der McGill Universität, die Loeb Library der Harvard Graduate School of Design, sowie an die Bibliothek des Kunsthistorischen Instituts der Universität Utrecht. Dank aussprechen möchten wir ebenfalls den Mitarbeitern des SUN-Verlages, deren eifrige Unterstützung und ausgezeichnetes technisches Wissen unser Vorhaben förderten: Maike van Dieten, Leo de Bruin, Tjef van der Wiel und besonders Henk Hoek. James Ackerman, Kenneth Frampton, Pierre Andre Michel, Roger Conover und Robert Berwick halfen uns mit wertvollen Hinweisen zum Text. Paola van Hijkoop besorgte geduldig und unerbittlich die Reinschrift des Manuskripts, und Eric Offermans half uns bei der Aufarbeitung der Abbildungen. Schließlich wollen wir auch unserer Übersetzerin, Susanne Siepl, und unserem Lektor, Peter Neitzke, besonderen Dank aussprechen.

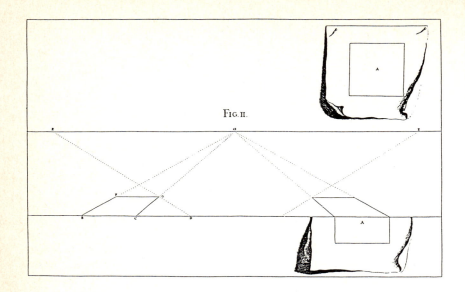

Pozzo (1693–1700)

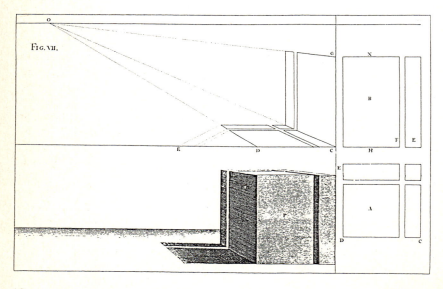

10

Einführung: Logos Optikos

Die klassische Architektur läßt sich auf unterschiedliche Art und Weise betrachten. Im Grunde ist sie ein sozio-kulturelles Phänomen und muß auch innerhalb der Rahmenbedingungen einer sozio-kulturellen Geschichte untersucht und analysiert werden. Schon der Ursprung des Begriffes ‚klassisch‘ ist aufschlußreich. Er weist auf die gesellschaftliche Ordnung der *classici* hin, die die höchste Stufe der hierarchischen Gesellschaftsstruktur im alten Rom darstellte, der gegenüber die niedrigste Stufe, die der *proletarii* angesiedelt war. Eine Untersuchung vom anthropologischen Standpunkt aus würde ergeben, daß die klassische Architektur, besessen von dem Drang nach rigoroser Quantifizierung, Genauigkeit und Detailbehandlung, ihre Wurzeln in der vorklassischen, archaischen Kultur hat, die sich durch das Tabu der Entweihung, der Suche nach Reinheit, der Verwendung des Raumes zum Zwecke der Divination und dem Kult des *Temenos*, eines Bereiches, der von der alltäglichen, profanen Welt getrennt und einem Gott oder Helden geweiht ist, auszeichnete.

In der Ikonologie, auf der anderen Seite, würde ein klassisches Gebäude als Bedeutungsträger betrachtet werden, dessen Verständnis die Kenntnis ikonographischer Quellen und ikonologischer Systeme erfordert. Eine sozio-kulturelle Betrachtung der Geschichte könnte eine Erklärung dafür liefern, wie der allmähliche Verlust der divinatorischen Strenge der archaischen Tempel, parallel zum Aufstieg des Römischen Reiches, den Weg für andere, moderne Regeln der Ästhetik freigab, und welche belebende Wirkung diese archaischen Ideen auf die Konzepte der Architekturkomposition des Mittelalters und der Frührenaissance hatten. Durch eine solche Betrachtung ließe sich ein Zusammenhang herstellen zwischen den Veränderungen in der Entwurfstheorie und dem Wandel in der Geldwirtschaft Europas, dem Auftreten neuer Gesellschaftsstrukturen und neuer Institutionen, dem Entstehen der Hofkultur und der Wiedereröffnung weltweiter Handelswege, der Erfindung von Kreditinstituten sowie der Notwendigkeit, eine wachsende Elite hinsichtlich so neuer Ideen wie der Bedeutung von Zeit und der Erzielung von Gewinn durch Geldverleih zu unterweisen.

Es gibt einige Arbeiten, die sich der Entwicklung der Architektur in der Renaissance und der gemeinsamen Rolle ihrer ikonologischen, philosophischen, politischen und gesellschaftlichen Grundlagen widmen, z.B. der „zentralisierte" Kirchengrundriß (Wittkower, 1962), die Villa (Ackermann, 1963) oder Proportionssysteme (Wittkower, 1962; Baxandall, 1972). Die Ideen und Ideologien, die den klassischen Gebäuden ihre Form gaben, sind in äußerst umfangreichen Beiträgen zum Ausdruck gebracht worden, die sich jedoch nicht mit dem formalen Denken der klassischen Architektur auseinandergesetzt haben.

Was eine Betrachtung der klassischen Architektur vom Blickpunkt des „Logos Optikos" (Buch I, Kap. I, 16) angeht, der visuellen Logik der Form, wie Vitruv es nannte, so verlassen wir uns immer noch sehr auf die Ergebnisse der bahnbrechenden Arbeiten von Wölfflin (1888, 1892) und Frankl (1914, 1936). Seitdem sind im letzten halben Jahrhundert nur sehr wenige Schriften veröffentlicht worden, die sich mit den unterschiedlichen Hypothesen befassen, die man beim Entwerfen eines klassischen Gebäudes bzw. bei der Beurteilung eines Gebäudes hinsichtlich seiner Gestaltung wie seiner klassischen Qualitäten anstellt.

Unser Beitrag beschäftigt sich mit diesen Gedankengängen und Hypothesen. Wir untersuchen die klassische Architektur als *formales* System und analysieren Gebäude vom visuellen, *morphologischen* Standpunkt aus, den man häufig auch als *stilbezogenen* Standpunkt bezeichnet. Wir unternehmen den Versuch, jene Logik zu identifizieren, die mit diesem System einhergeht, den *logos optikos*.

Aber woher lassen sich die Kategorien für die formale Analyse der klassischen Architektur ableiten? Offensichtlich läuft jede formale stilbezogene Untersuchung bezüglich des Wesens des Klassizismus Gefahr, nichts weiter als eine Widerspiegelung unserer zeitgenössischen öffentlichen Reaktionen zu sein und damit triviale Ergebnisse zu liefern. Dieser Fall tritt ein, wenn wir uns auf „psychologische" Konzepte verlassen, die durch Begriffe wie „Überraschung", „Varietät", „Erregung", „Ehrfurcht" und „Klarheit" Emotionen und geistige Haltungen ausdrücken sollen, und die räumliche „Qualitäten" durch Begriffe wie „groß-" bzw. „kleinmaßstäblich", „drückende Masse", „schweres Volumen", „geheimnisvoller Ausdruck", „Transparenz" und „dämmernde Tiefe" beschreiben. So hilfreich diese Begriffe auch sein mögen, um auf metaphorische Art zu charakterisieren, was der Betrachter eines architektonischen Werkes fühlt, so läßt sich durch solche Konzepte tatsächlich sehr wenig über das Wesen der klassischen Architektur als formal-visuellen Systems herausfinden.

Diese Begriffe weisen auf psychologische und emotionale Zustände hin, die von der äußeren Form herrühren, nicht aber auf die Form selbst. Es läßt sich sowohl an Beispielen aus der Literatur als auch experimentell leicht zeigen, daß auch andere Formen eine psychologische Wirkung haben können, die sich mit denselben Begriffen beschreiben läßt. Die Begriffe sind nicht nur mehrdeutig, sie nehmen auch gar nicht für sich in Anspruch, das Wissen, das im Geiste des Entwerfers oder des ursprünglichen Betrachters eines klassischen Gebäudes existiert, zum Ausdruck zu bringen.

Um dieses Wissen darzustellen, muß man auf die Dokumente jener Zeiten zurückgreifen, die die klassische Architektur geformt haben. Die Untersuchung muß sich in das Material vertiefen, das diejenigen Begriffe offenbart, aufgrund derer die klassischen Gebäude ursprünglich erdacht und verstanden worden sind. Auf diese Weise wird unser Bild des formalen Systems nicht nur umfassender, es läßt sich auch leichter verstehen. Da diese Begriffe heutzutage fast ausschließlich im Unterbewußtsein wirksam sind, sogar innerhalb der architektonisch gebildeten Öffentlichkeit, sind deren Normen vollständig verinnerlicht.

Es sollte an dieser Stelle klargestellt werden, daß wir unsere Aufgabe in der Entwicklung einer praktischen Definition der klassischen Architektur sehen, nicht in der Rekonstruktion einer historischen Erkenntnistheorie ihres konzeptionellen Rahmens. Dennoch besteht die dringende Notwendigkeit, auf dokumentarische Quellen der Anfänge der klassischen Architektur zurückzugreifen, wobei sich die Schriften anbieten, in denen die Begriffe der formalen Analyse ausführlich beschrieben worden sind, wie z.B. bei Vitruv und den ‚trattatisti‘ der Renaissance sowie bei anderen klassischen Theoretikern.

Eine weitere, wenn auch nicht ganz so eindeutige Quelle findet sich in den Architekturillustrationen. Wenn auch formale Begriffe in ihnen nicht direkt zum Ausdruck gebracht werden, so sind sie doch andeutungsweise in ihnen enthalten, indem sie als Verbindungsglied zwischen verbaler Abstraktion und konkretem Objekt fungieren. Aus diesem Grund sind sie wertvolle Instrumente einer formalen Analyse. Dementsprechend wird der Leser zwei Arten von Informationsmaterial in diesem Buch finden, das eine verbal, das andere bildlich. Die bildlichen Darstellungen sind weder als Ergänzung zum Text zu verstehen, noch dient dieser zur Erläuterung der Darstellungen. Beide Materialien können als parallel und sich ergänzend angesehen werden; was dabei an Genauigkeit und Deutlichkeit verloren geht, wird an Unmittelbarkeit gewonnen.

Wertvolle Informationen lassen sich auch aus den formalen Studien anderer Künste ableiten, wie z.B. aus der Musik, der Poesie und der Rhetorik. Seit Lessings schöpferischem Werk *Laokoon, oder über die Grenzen der Malerei und Poesie* (1766), in dem die Dichtkunst mit den bildenden Künsten verglichen wird, sind viele Studien angestellt worden, um die strukturellen Parallelen und Gegensätze zwischen unterschiedlichen künstlerischen Medien, nämlich das ihnen gemeinsame klassische System, zu identifizieren. Solche Parallelen wurden als Argumente für ein tief verwurzeltes, eigenes Wesen des Klassizismus angeführt. Der Klassizismus ist jedoch eine synkretisch-ästhetische Theorie, die zu Beginn der Frührenaissance als Resultat der Wiederentdeckung bestimmter Kunstwerke und philosophischer Schriften der Antike entstand. Genau dies bezeichnen wir als klassische Tradition.

Aristoteles' *Poetik* war die erste theoretische Abhandlung, in der die formalen kompositorischen Mittel, die für das Entstehen — ‚Poetik' leitet sich vom griechischen ποιεῖγ, machen, ab — eines Werkes der Dichtkunst und der Tragödie aufgezeigt und systematisiert wurden, in der aber auch auf die meisten anderen Künste Bezug genommen wurde und die damit für das Entstehen dieser Tradition eine äußerst wichtige Rolle gespielt hat. Die Architektur wird in diesem Buch bemerkenswerterweise nicht behandelt, wahrscheinlich wegen ihres stark nützlichkeitsorientierten Charakters und ihres großen Vertrauens in die Sklavenarbeit. Nichtsdestoweniger wurden die Vorstellungen des Aristoteles gegen Ende des Mittelalters erfolgreich auf die Architektur angewendet, und ihr Einfluß ist bis weit ins 20. Jahrhundert hinein spürbar.

Der klassischen Architektur ist mit der klassischen Musik, dem Drama und der Poesie eine Haltung hinsichtlich der Komposition und der Vorstellung, daß ein Kunstwerk *eine Welt innerhalb einer Welt* sei, gemeinsam, und beides läßt sich auf Aristoteles' *Poetik* zurückführen. Wie jedes andere Kunstwerk ist auch ein Bauwerk von seiner Umwelt durch die Klarheit und *Geordnetheit* seiner Bestandteile und durch seine eindeutige Begrenzung getrennt. Im Gegensatz zu seiner Umgebung ist es „vollendet und ganz", es wirkt als „Einheit". Es stellt einen Bereich ‚außerhalb' des übrigen Universums dar, von den alten Griechen als *Temenos* bezeichnet.

An manchen Stellen weist Aristoteles direkt und unkompliziert auf die organisatorischen Aspekte eines Kunstwerkes hin. „Ein schöner Gegenstand", schreibt er, „sei es ein Lebewesen oder ein aus Teilen zusammengesetztes Ganzes", müsse diese Eigenschaften besitzen, damit man sich ihn

„leicht ins Gedächtnis einprägen kann". Der Ursprung dieser abstrakten Gedanken über Vollkommenheit, Ganzheit und Einheit sowie ihre konkreten Manifestationen, die sich in Begrenzungen, Territorien und innerer Geordnetheit ausdrücken, ist tief in der archaischen Kultur verwurzelt. Bei Aristoteles treten diese Inhalte als faszinierende Prinzipien für die Erschaffung des künstlichen bzw. des damit verbundenen formalen Systems zutage und somit, stillschweigend, auch bezüglich des Schaffens von Grundlegendem, der visuellen Logik der klassischen Architektur.

Rein formale Studien wie diese werfen natürlich immer grundsätzliche Fragen auf. Ist die formale Gliederung eines Gebäudes ein Ziel in sich selbst, oder ist sie ein Mittel, um eine bestimmte Bedeutung bzw. eine soziale Absicht auszudrücken? Ist sie sozusagen ein untergeordneter Aspekt einer umfassenderen Aufgabe, der Kommunikation? Lassen sich Gebäude ausschließlich als formale Gegenstände betrachten? Wenn ja, wie kann eine solche Untersuchung durchgeführt werden, woher kommen die Kategorien für eine solche formale Analyse?

Gebäude sind, das möchten wir betonen, ebenso wie alle anderen von Menschenhand gefertigte Kunstwerke, auf das engste mit einem sozialen Zweck und einem sozial definierten Interesse verbunden. Die Form eines Gebäudes ist ein Mittel zum Zweck. Jedes architektonische Denken, das sich mit Form befaßt, ist eng mit dem Zweck, der Absicht und dem Kontext, der außerhalb der Formenwelt existiert, verknüpft.

Eine Beschränkung auf die formalen Aspekte der klassischen Architektur hat als methodologische Vorgehensweise seine eigenen Grenzen und Gefahren. Bei der formalen Analyse kann man leicht in einen Formalismus verfallen, der die Auffassung vertritt, daß die rein visuellen Normen die einzigen Architekturdeterminanten seien; daß es einen Formenwillen gebe, der über das soziale Leben und die Materialzwänge hinausgehe; daß es eine „Welt der Formen (. . .) als Ort für höhere und freiere Träume" gebe, wie Focillon es beschrieben hat (1948); und daß das von Kubler entwickelte „System der formalen Beziehungen" bzw. die von Panofsky entwickelte „Welt der künstlerischen Motive" keineswegs methodische Hypothesen seien, sondern autonom existieren. Dies sind in der Tat einschränkende Schlußfolgerungen, und sie führen zu einer Begrenzung unseres Verständnisses der klassischen Architektur.

Die formale Analyse kann nur beschreiben. Sie mag zu manchen allgemeingültigen Schlußfolgerungen bezüglich des Erscheinungsbildes führen, aber sie kann keine Erklärungen liefern, geschweige denn richtungsweisend für die tatsächliche Architekturpraxis sein. Sie allein kann keine

Beziehung zwischen den formalen und den kognitiven sozialen Normen aufzeigen, die letzten Endes der Architektur Wert und Ziel verleihen. Der Anwendung der klassischen Architektur als formalen Systems wohnt eine tiefe menschliche und gesellschaftliche Bedeutung inne. Diese liegt jenseits der ikonographischen Mobilisierung der klassischen Formen in der Wirkung, die ein klassisches Gebäude ausübt, wenn es als *Temenos*, als Welt innerhalb einer Welt, in der es keinen Widerspruch gibt, existiert. Ein solches Gebäude steht bewußt abseits von der Welt, aber es läßt auch uns außerhalb unseres Universums stehen, damit wir zu einem tieferen Verständnis dieses Gebäudes gelangen und eine kritische Distanz ihm gegenüber einnehmen können. Diese Erkenntnis sowie die kritische Funktion eines klassischen Gebäudes finden sich ebenfalls in Aristoteles' *Poetik*, und zwar in der Beziehung zwischen seinen Gedanken über ‚Mimesis' und ‚Katharsis' und seiner formalen Analyse der Tragödie.

Das Studium der Poetik der klassischen Architektur besteht daher aus zwei Teilen: Der eine beschäftigt sich mit den formalen Aspekten des Gebäudes, der andere mit den kritischen Aspekten. Unser Essay folgt dieser Unterteilung und dieser Reihenfolge.

Die formale Poetik, mit deren Hilfe wir die klassische Architektur analysieren wollen, liefert drei Rahmen, die das visuelle Denken strukturieren und den *logos optikos* ausmachen. Jeder dieser Rahmen enthält eine Anzahl gedanklicher Hilfsmittel, die wir als formale, normative *Schemata* bezeichnen. Durch diese formalen Schemata lassen sich klassische Gebäude wahrnehmen und begreifen, man kann sich an sie erinnern, über sie sprechen und sich an ihnen erfreuen. Mit anderen Worten machen diese drei Rahmen und ihre Schemata das Wissen über die klassische Architektur aus, ein Wissen, das Entwerfer, Laien und Betrachter miteinander teilen. Wir fassen diese drei Rahmen hier zusammen:

1. Taxis   Gliedert ein architektonisches Werk in Einzelteile.
2. Genera   Individuelle Elemente, die die durch die Taxis vorgenommenen Unterteilungen besetzen.
3. Symmetrie Die Beziehungen zwischen den individuellen Elementen.

Wie wir zeigen werden, sind die drei Rahmen für die klassische Architektur von gleichwertiger Bedeutung, und sie müssen gleichzeitig wirksam sein. Man sollte sich nicht von den vielen Studien über die klassische Architektur irreleiten lassen, die ihre Aufmerksamkeit nur den sogenannten ‚Ordnungen' geschenkt haben. Die Rahmen und ihre Schemata machen das aus, was altmodische Gelehrte gern als den ‚Kanon' der klassischen Architektur bezeichnet haben. Kognitive Wissenschaftler verweisen auf diese Rahmen und ihre Schemata als ‚Kategorien der Einschränkung bezüglich der Auswahl an Formen' (Halle, 1981), die ‚gebildeten' Leuten zu eigen waren. Sie alle betonen, daß diese Strukturen trotz ihres auf Regeln beruhenden Wesens keineswegs die Form diktieren. In der Vergangenheit ist eine unendliche Anzahl klassisch formaler Arrangements geschaffen worden, die aufgrund des formalen Kanons bzw. der formalen Einschränkungen geächtet worden ist, und das wird auch zukünftig der Fall sein. Neue formale Motive kommen durch Einflüsse – durch Kommunikation, Kultur, Gesellschaft und Politik – zustande, die außerhalb des Bereiches der Rahmen und Schemata liegen. Es gibt sicherlich Augenblicke in der Architekturgeschichte, wo nur ein oder zwei dieser Rahmen beim Entwurf oder beim Betrachten eines Gebäudes zur Anwendung kamen, z.B. beim Entstehen einiger der besten byzantinischen, expressionistischen bzw. modernen Werke. Aber diese Gebäude werden nicht als echte klassische Werke anerkannt.

Wenden wir uns nun der Konzeption dieses Buches zu. Es besteht aus drei Teilen:

Den ersten Teil könnte man eine Darstellung der Morphologie der klassischen Architekturkompositionen nennen.

Der zweite Teil ist eine Anthologie der klassischen Kompositionen selbst.

In diesen beiden Teilen wurde der bildliche „Text" von den Autoren in chronologischer Reihenfolge angeordnet. Wie bereits betont, haben wir nicht die Absicht, der Entwicklung der formalen Motive zu folgen. Wir haben keinen Versuch unternommen, das, was Kubler als „die Form der Zeit" bezeichnet hat, durch das Studium der Entwicklung formaler Arrangements des Klassischen zu untersuchen. Grundrisse klassischer Gebäude werden als Bühnenbild verstanden, die zum formalen „intertextuellen" Studium auffordern.

Ein dritter, abschließender Teil behandelt einige Aspekte hinsichtlich der Bedeutung und des sozialen Zwecks der klassischen Architektur. Hier untersuchen wir, wie Konflikt und Widerspruch in den klassischen Gebäuden deutlich werden, und wie diese als tragische Kunstwerke, als kritische Beobachter der menschlichen Verhältnisse, fungieren können.

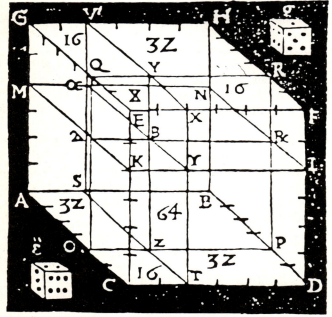

Dreidimensionales Raster (Cesariano 1521)

1 Die Kompositionsregeln

Taxis

In seiner *Poetik* beschreibt Aristoteles ein Kunstwerk als Welt innerhalb einer Welt, ,vollkommen', ,vollständig' und ,ganz', eine Welt, in der kein Widerspruch auftritt. Widerspruch wird aufgrund des Wirkens dreier Rahmen ausgeschlossen. Aristoteles nennt den ersten dieser Rahmen *Taxis*, die regelmäßige Anordnung von Teilen (VII, 35). Damit wollen wir uns in diesem Kapitel beschäftigen. Die anderen zwei Rahmen, *Genera* und *Symmetrie*, sind die Themen der nächsten zwei Kapitel.

Die Taxis gliedert das Gebäude in Teile und fügt die architektonischen Elemente so in die daraus resultierenden Felder ein, daß ein makelloses Werk entsteht. Mit anderen Worten ausgedrückt, schränkt die Taxis die Plazierung der Elemente, die das Gebäude besetzen, ein, indem sie die Felder zur Besetzung vorschreibt.

Der Rahmen der *Taxis* gliedert sich in zwei untergeordnete Rahmen, die wir als *Schemata* bezeichnen: das *Raster* und die *Dreihebigkeit*.* Das Rasterschema gliedert das Gebäude durch Linien. Beim *rechtwinkligen* Rasterschema, das in der klassischen Architektur am häufigsten Verwendung findet, schneiden sich die geraden Linien in rechten Winkeln. Die Entfernung zwischen diesen Linien ist oftmals gleich, was zu einer Komposition aus gleichen Teilen führt. In den Fällen, in denen die Abstände zwischen diesen Linien nicht gleich sind, wechseln sie sich zumindest regelmäßig untereinander ab. Daraus ergibt sich eine gegliederte Komposition, deren Elemente sich ebenfalls den Regeln entsprechend untereinander abwechseln. Es kommen aber auch *kreisförmige* Rasterschemata vor, mit denen wir uns später befassen werden.

---

* Begriff aus der Metrik (A.d.V.)

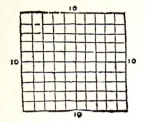

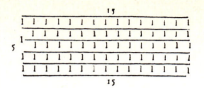

Rechtwinkliges Rasterschema,
das eine Komposition in gleiche
Teile gliedert (Serlio 1619)

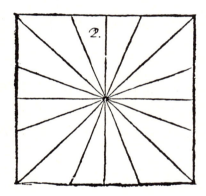

Serlio (1619)

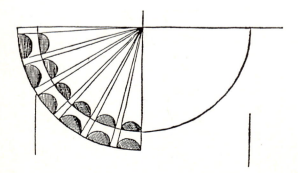

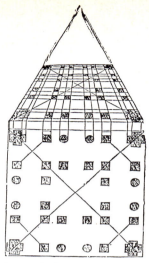

Raster (Serlio 1619)

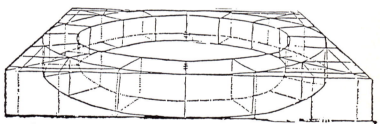

Kreisförmiges Raster (Serlio 1619)

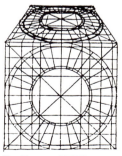

Du Cerceau (1576)

Das Rasterschema läßt sich erweitern, indem man die Linien durch Ebenen ersetzt, die auf ähnliche Weise wirken und sowohl den Raum gliedern als auch die Anordnung der architektonischen Elemente regulieren.

Ein Gebäude, das nur aus einem einzigen homogenen Glied (a), aus einer einzelnen Einheit, besteht, läuft nicht Gefahr, die *Taxis* zu verletzen. Metaphorisch betrachtet, könnte man es als Tautologie bezeichnen. Es besteht nur aus sich selbst, es enthält keine Elemente, die ihm widersprechen könnten. Man kann es sich als ungeteilten Würfel vorstellen. Architekten, die sich dem Klassischen verschrieben hatten, waren von diesem ursprünglichen Formenmotiv jahrhundertelang fasziniert, aber im allgemeinen neigt man doch eher dazu — wie schon mehrfach in der Geschichte geschehen —, es wegen seiner törichten Einfachheit als trivial abzutun.

Ein Formen*pattern* von etwas größerer Komplexität läßt sich erzeugen, indem man dasselbe einzelne Element in ein regelmäßiges, dreidimensionales Raster einfügt. Dieses Motiv teilt die ursprüngliche Einheit des Würfels in gleichgroße kleinere Würfel ein, oder anders ausgedrückt, es erweitert den ursprünglichen Würfel zu einer größeren Würfeleinheit. Das Ergebnis ist in beiden Fällen dasselbe: ein Werk, das keine widersprüchlichen Aussagen enthält. Dieses Motiv ist im folgenden Diagramm schematisch dargestellt:

$$a\ {}^a\ {}^a\ {}^a\ {}^a\ {}^a\ {}^a$$
$$a\ {}^a\ {}^a\ {}^a\ {}^a\ {}^a\ a$$
$$a\ \ a\ \ a\ \ a\ \ {}^a\ a$$
$$a\ \ a\ \ a\ \ a\ \ {}^a\ a$$
$$a\ \ a\ \ a\ \ a\ \ a$$

Dieses formale Schema oder Motiv wird mit seiner zwanghaften Widerspruchsfreiheit als Mittel zur Schaffung einer aus geordneten Teilen bestehenden Welt verwendet, die sich vom übrigen Universum, wo alles erlaubt ist, absetzt. Die klassischen Prinzipien „Vollkommenheit", „Vollständigkeit" und „Ganzheit" werden durch die Dreihebigkeit sogar noch verstärkt.

Das Schema der *Dreihebigkeit* hebt den Unterschied zwischen der inneren und der äußeren Welt eines Werkes hervor. Dieses Schema gliedert das Gebäude in drei Teile, zwei Randelemente und ein eingeschlossenes Mittelteil. In der Tat veranlaßte dieser Aspekt der klassischen Kunst und Architektur in den frühen sechziger Jahren die Ästhetiker dazu, moderne Werke als ‚offene' Kompositionen zu betrachten und ihre Ablehnung des Dreihebigkeitsschemas, auf dem die ‚geschlossenen' klassischen Kompositionen basierten, zum Ausdruck zu bringen.

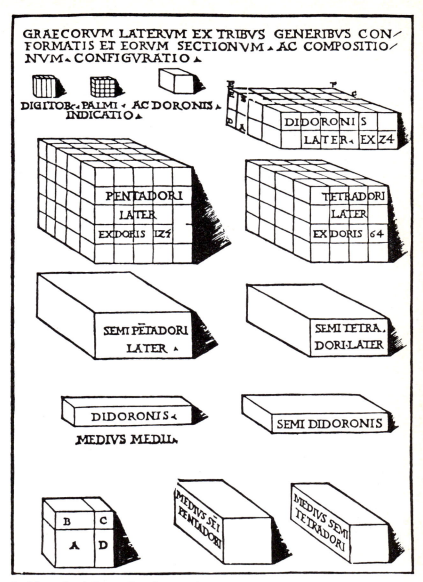

GRAECORVM LATERVM EX TRIBVS GENERIBVS CON-
FORMATIS ET EORVM SECTIONVM · AC COMPOSITIO-
NVM · CONFIGVRATIO ·

DIGITOR · PALMI · AC DORONIS ·
INDICATIO ·

DIDORONIS
LATER · EX 24

PENTADORI
LATER
EXDORIS 124

TETRADORI
LATER
EXDORIS 64

SEMI PĒTADORI
LATER ·

SEMI TETRA ·
DORI · LATER

DIDORONIS ·
MEDIVS MEDII ·

SEMI DIDORONIS

B   C
A   D

MEDIVS SEI
PENTADORI

MEDIVS SEMI
TETRADORI

Dreidimensionale Raster (Cesariano 1521)

23

Raster (Cesariano 1521)

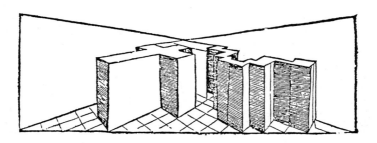

24

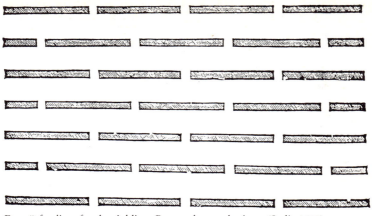

Entwürfe, die auf rechtwinkligen Rasterschemata basieren (Serlio 1619)

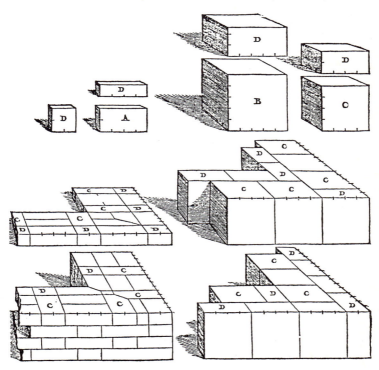

Die Vorstellung von der geschlossenen Komposition und die formale Forderung nach einem ‚Randelement' erinnert sicherlich an das wohlbehütete Territorium des *temenos*. Aber bereits in Aristoteles' *Poetik* ist die Dreihebigkeit jeglicher divinatorischer Bedeutung beraubt. „Ein Ganzes", stellt Aristoteles fest, sei in drei Teile gegliedert, es habe „Anfang, Mitte und Ende" (Kap. 7).

In der klassischen Architektur können sich Anfang und Ende gelegentlich entsprechen, da die Architektur, im Gegensatz zur Tragödie und zur Musik, ein reversibles Ereignis ist. Man kann an das Ende eines Gebäudes zurückkehren und es als Anfang lesen. Die Struktur der Klassik erlaubt das, weil man ein Gebäude sowohl von rechts nach links als auch andersherum betrachtet. Diese Regel trifft jedoch nicht für oben und unten zu. Oben und unten sind nicht reversibel.

Das Schema der Dreihebigkeit gliedert Fassade, Grundriß und Schnitt eines Gebäudes in jeweils drei größere Teile. Überdies kann dieses Schema auch angewendet werden, um jedes dieser Teile auf die gleiche Art und Weise weiter zu untergliedern. Wird der Vorgang wiederholt, dann stellt das Dreihebigkeitsschema mit jedem Schritt eine zusammenhängende, innige Beziehung sowohl zwischen den Teilen selbst als auch zwischen den Teilen und dem Ganzen her.

Im allgemeinen sollte die Taxis sowohl hinsichtlich ihres Raster- als auch ihres Dreihebigkeitsschemas als ein System betrachtet werden, das vom Ganzen ausgehend bis hinunter zum einzelnen Teil auf hierarchische Art und Weise Anwendung findet, als ein System, das ein Raster- bzw. Dreihebigkeitsschema in ein Teil einbettet, welches bereits strukturiert ist. In der Tat ist diese hierarchische Beziehung zwischen den einzelnen Teilen, die Anwendung der Taxisschemata vom allgemeinen zum speziellen, vom übergeordneten zum untergeordneten Detail, ein weiterer Aspekt, durch den das Gesetz der Widerspruchsfreiheit respektiert wird; daher rührt die Legende, daß man bei einem klassischen Werk das Ganze auch dann rekonstruieren kann, wenn nur ein winziges Fragment erhalten geblieben ist.

Wir wollen uns nun damit befassen, wie die Taxis und ihre formalen Schemata aus den Illustrationen der klassischen Architektur abgeleitet werden können, und wie sie bei bestimmten Gebäuden auf schematische Art und Weise Anwendung gefunden haben.

In Vitruvs *De architectura*, der (leider!) einzigen vollständigen, aus der Antike überlieferten architektonischen Abhandlung, ist *Taxis* eine Hauptkategorie. Taxis wird hier als „die ausgewogene Anordnung der Details eines Werkes als solche, und, in bezug auf das Ganze, das Arrangement der Proportionen im Hinblick auf eine symmetrische Wirkung" beschrieben. Verglichen mit Aristoteles ist diese Definition gewissermaßen zirkulär, und im Kontext des Buches ist sie sogar widersinnig. Seitdem waren im Bereich der Architekturtheorie viele Schriftsteller entweder durch die nicht eindeutigen Äußerungen Vitruvs verwirrt, oder sie haben diese Unklarheiten zum Zwecke der Mystifizierung verwendet. Trotz dieser Probleme ist jedoch leicht zu erkennen, daß *Taxis* für Vitruv existiert hat.

Im dritten Buch seines Werkes *De architectura*, das er der Komposition von Tempeln gewidmet hat, sagt Vitruv, daß ‚Proportion' und ‚Symmetrie' — zwei Konzepte, denen wir uns später noch ausführlicher widmen werden und die beide die regelmäßige Anordnung von Teilen durch ein Rasterschema beinhalten —, der Taxis untergeordnet seien (III, Kap. I, 9).
Seiner Betrachtungsweise der Tempelklassifikation liegt das Aristotelische Schema der Dreihebigkeit zugrunde (III, Kap. II).
Zur ersten Gruppe gehören der Tempel „in antis", den die Griechen „naos in parastasis" nannten, und der „Prostylos". Beide zeichnen sich durch einen Vorbereich *(Pronaos)* und ein ungegliedertes, schlichtes und einförmiges Hauptvolumen, den *Naos* oder die *Cella*, aus. Jener Vorbereich wird entweder durch Pilaster (mit der Wand verbundene Pfeiler) oder durch eine freistehende Säulenreihe definiert und bildet somit einen Portikus, eine überdachte Vorhalle.
Die nächste Tempelform bei Vitruv ist der „Amphiprostylos", der an beiden *(amphi-)* Schmalseiten, sowohl vorne als auch hinten, Säulen und Portikus hat, wobei der hintere Teil *Opisthodom*, Hinterhaus, genannt wird. Zwischen den beiden Endteilen befindet sich ein Mittelteil.
Und schließlich haben wir den „Peripteros", bei dem die Säulen um den ganzen Tempel herum *(peri-)* geführt werden. Die ursprünglich einheitliche Säule wird nicht nur in Vorder- und Hinterteil gegliedert, sondern auch in zwei Seitenteile. Und damit sind wir bei einem Grundriß angelangt, der von jedem Standpunkt aus in drei Teile gegliedert ist. Die Dreihebigkeit der Taxis ist vollständig erfüllt.
Wir wollen diese drei Tempelformen nun durch eine Formel aus Buchstaben ausdrücken, wobei jeder Buchstabe für ein Architekturelement steht. Dies mag als unnötige, esoterische Art der Gebäudebeschreibung erscheinen, aber für den nächsten Schritt in unserer Untersuchung der Taxis wird sie sich als äußerst hilfreich erweisen.

Und so könnten diese Formeln aussehen:

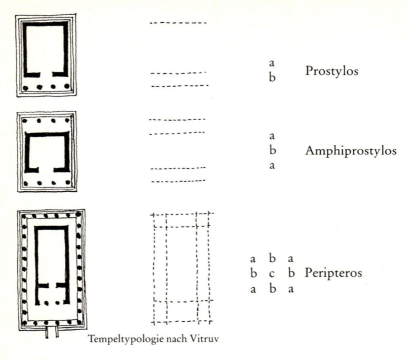

a
b   Prostylos

a
b   Amphiprostylos
a

a b a
b c b Peripteros
a b a

Tempeltypologie nach Vitruv

Vitruv führt noch weitere Tempel an — *Pseudodipteros, Dipteros, Hypäthros* —, die sich durch die *Addition* solcher Elemente wie Säulenreihen oder durch deren *Subtraktion* voneinander unterscheiden. Es gab noch weitere Tempelformen in der Antike, die Vitruv jedoch nicht erwähnt. Diese lassen sich unter Anwendung der gleichen Teilungsprinzipien aus seiner Systematik ableiten.

Das Interessante an Vitruv ist nicht so sehr sein Tempelkatalog, seine „Gebäudetypologie", sondern vielmehr sein Klassifikations*system* in Verbindung mit der Taxis. Dieses System enthielt implizit eine Methode für die Entwicklung von Grundrissen, eine architektonische *ars combinatoria*, die mit dem auf der Teilung eines ursprünglichen Körpers beruhenden Dreihebigkeitsschema im Zusammenhang stand. Es war ein Mittel für die Betrachtung von Gebäuden, das, wie wir später zeigen werden, von grundlegender Bedeutung für die klassische Architektur wurde.

Zunächst aber wollen wir sehen, auf welche Weise die Kommentatoren Vitruvs sein Klassifikationssystem erweitert und tiefergehend erforscht haben. Die Illustrationen in Cesarianos Ausgabe aus dem Jahre 1521 waren von größter Bedeutung für die Entwicklung des Kanons der klassischen Architektur, die auf den Ideen und Werken der Antike beruhte. Cesariano war Maler, Gelehrter und Architekt. Seine Vitruv-Ausgabe ist von größter Bedeutung, weil sie zu jener Zeit erfolgreich war und großes Ansehen genoß. Sie brachte die Ideen jener Zeit zum Ausdruck und beeinflußte die später nachfolgenden Werke. Sie war die erste Übersetzung Vitruvs in die italienische Umgangssprache, die gedruckt wurde; sie war ausführlich illustriert und enthielt einen äußerst umfangreichen Kommentar. Beide Schemata der Taxis, das Raster und die Dreihebigkeit, sind in einer Reihe von Illustrationen zu Vitruvs drittem Buch enthalten. Das Raster wird zum einen auf unspezifisch allgemeine Weise dargestellt, indem es die ganze Fläche eines Gebäudes abdeckt. Aber es wird auch auf sehr spezifische Weise verwendet. Seine vertikalen und horizontalen Linien bestimmen die Position der Kirchenwände und definieren die Bereiche für Haupt- und Seitenschiff. Das Raster besteht sowohl aus ungleichen als auch aus identischen quadratischen Einheiten.

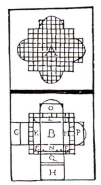

Raster (Cesariano 1521)

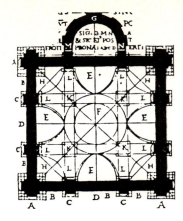

Raster (Cesariano 1521)

Wir wollen nun eines von Cesarianos Beispielen etwas genauer untersuchen. Er verwendet ein quadratisches Raster, das den Grundriß in die folgenden sieben Elemente gliedert:

A   B   C   D   C   B   A

Die mittlere Einheit D ist in zwei identische B-Einheiten unterteilt (es ist erwähnenswert, daß wir Cesarianos eigenen Notationen eng folgen. Das ganze liest sich nun folgendermaßen:

A   B   C   B   B   C   B   A

Der Grundriß enthält das grundlegende Dreihebigkeitsschema, das nach Aristoteles in allen Künsten respektiert wird. Das Anfangselement B befindet sich zwischen den Teilen A und C. Das Mittelteil BB liegt zwischen den Teilen C und C, und das Endelement B ist auf gleiche Weise wie das Anfangselement angeordnet. Wir fassen Cesarianos Notation zusammen, um die Gegenwart des Dreihebigkeitsschemas zu verdeutlichen:

| | a | | b | | a | | |
| A | BC | BB | CB | A | a b a |

Wir können Cesarianos Grundriß vollständig mit seiner Notation umschreiben und fügen nur den Buchstaben X dort ein, wo keine Notation angegeben ist.
Im nächsten Schritt können wir versuchen, das Grundrißmotiv umzuarbeiten, um es zu vereinfachen und um seine dreihebige Organisation auf

30

```
A  B  C  D  C  B  A
B  H  L  E  L  H  B
C  L  K  X  K  L  C
D  E  X  F  X  E  D
C  L  K  X  K  L  C
B  H  L  E  L  H  B
A  B  C  D  C  B  A
```

die gleiche Art zu verdeutlichen, wie wir es weiter oben bereits demonstriert haben. Das Ergebnis lautet:

```
a  b  a
b  c  b
a  b  a
```

In diesem Diagramm finden wir einen Ausdruck des Aristotelischen Dreihebigkeitsschemas in seiner einfachsten Form. Wir finden in ihm aber auch die Vitruvsche Tempelformel wieder. Das „Quadrat und Kreuz", wie dieses Motiv genannt wurde, ist seit der Renaissance eines der gebräuchlichsten formalen Motive der klassischen Architektur. Aus diesem Grund könnten wir es als die Mutterformel der Taxis bezeichnen.

Wir wollen diese Formel etwas erweitern, indem wir zwischen die am Ende und in der Mitte befindlichen Hauptteile ein Zwischenteil einfügen. Durch diese Maßnahme ist es uns möglich, das Funktionieren der Kombinationsregeln der klassischen Architektur aufzuzeigen und die Formel leichter auf bestimmte Gebäude anzuwenden.

Als nächstes wollen wir an dieser Formel einige einfache Veränderungen vornehmen, wie z.B. die Elimination oder Subtraktion von Elementen, aber auch deren Fusion, Addition und Substitution. Zusätzliche Teile werden auf hierarchische Weise hinzugefügt, und schließlich wird ein rechtwinkliges in ein kreisförmiges Raster umgewandelt. Die Mutterformel erlebt dabei die Transformation in eine Anzahl anderer Formeln, z.B.

1. durch Eliminierung von Elementen:

```
                    a b c b a
                    b e d e b
                    c d f d c          ⟶
                    b e d e b
                    a b c b a
```

```
      c            b c b        a b c b a      a b c b a
    e d e        b   d   b      b       b      b       b        a b c b a
  c d f d c      c d f d c      c       c      c   f   c        c d f d c
    e d e        b   d   b      b       b      b       b        b e d e b
      c            b c b        a b c b a      a b c b a        a b c b a
```

2. durch Fusion oder Überschneidung:

```
    a [b   a]
   [b][c][b]        ⟶        a   B
   [a][b][a]                 B C B
```

```
   [a b][a]                  B   B
   [b  c][b]       ⟶            c
   [a][b  a]                  B   B
```

```
    a [b] a                  a C a
    b [c] b        ⟶         b   b
    a  b  a                  a b a
```

3. durch Addition:

```
    a b c b a                a b c b a
    b e d e b                b e d e b
    c d f d c      ⟶         c d f d c
    b e d e b                b e d e b
    a b c b a                b e d e b
                             a b c b a
```

4. und Einlagerung:

d e d				d e d
e f e		b		e f e
d e d				d e d
b		c		b
a		b		a

a b a
b c b ⟶
a b a

Es mag interessant sein, einige Grundrisse der klassischen Architektur zu betrachten und ohne tiefergehende Analyse festzustellen, wie nahe sie diesen Grundrißmotiven kommen. Anhand mehrerer Grundrisse von Serlio läßt sich erkennen, wie die *Ars Combinatoria* aufgrund ganz einfacher Regeln funktioniert hat, und wie sie anstelle der monotonen Wiederholung

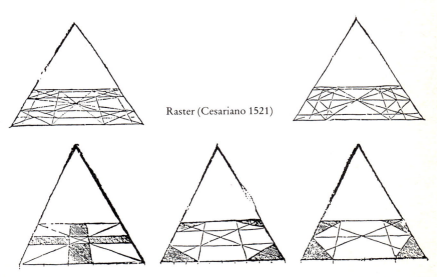

Raster (Cesariano 1521)

eines einzigen Themas endlose Möglichkeiten offenbarte. Es ist klar, daß diese Abweichungen von der Mutterformel eher deren generatives Potential unterstreichen als daß sie ihre Regeln untergraben.

Eine weitere von der Grundformel abgeleitete Regel ist die *Polarregel*, die wir weiter oben bereits erwähnt haben, und die in kreisförmigen Gebäuden Anwendung findet. Hierbei treten sowohl das Raster als auch das Dreihebigkeitsschema auf. Aber anstelle eines *rechtwinkligen* Rasters, wie in den oben behandelten Fällen, haben wir es hier mit einem *Polar*raster zu tun, wobei ein Teil der Rasterlinien in konzentrischen Kreisen verläuft, während der andere Teil vom Mittelpunkt des Kreises her ausstrahlt. Das Dreihebigkeitsschema ist zwar vorhanden, aber eher in der Form eines im Kreis verlaufenden *Perpetuum Mobile*. Sowohl vom Standpunkt der räumlichen Logik aus als auch hinsichtlich der hier aufgeführten Gebäudebeispiele Serlios ist eine solche polare Formel nichts anderes als eine Transformation der Mutterformel Cesarianos.

```
a  b  c  b  a                    b   c   b
                     a                      a
b  c  d  c  b             b            d
                              c        c       b
c  d  f  d  c   ──▶   c       d    f   d       c
                              c            c   b
b  c  d  c  b             b            d
                     a                      a
a  b  c  b  a                    b       b
                                     c
```

Schließlich gibt es auch Gebäude, die sowohl rechtwinklige als auch polare Regeln in sich vereinigen, und dabei zum einen Mischraster erzeugen, in denen die formalen Motive integriert sind, und zum andern die Dreihebigkeit so sorgfältig koordinieren, wie es an den beiden Beispielen von St. Peter in Rom und St. Peter in Montorio von Bramante deutlich wird. Architekten der Renaissance waren derartigen Kompositionen sehr zugetan.

Grundrißgliederung durch auf Kreislinien und Achsen beruhenden Taxisschemata
(Cousin 1560)

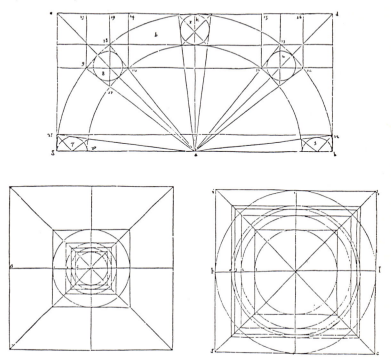

Diese Beispiele sollen aber nicht den Eindruck erwecken, als komme die
Taxis nur bei den übergeordneten Elementen eines Grundrisses zum Ausdruck. Ganz im Gegenteil, sie läßt sich bis zum kleinsten Detail hin anwenden. Wir werden dies im nächsten Kapitel über die *Genera* der Architektur deutlicher darstellen. Im Moment sollen einige Beispiele ausreichen
um zu zeigen, wie Raster und Dreihebigkeit sogar bei den untergeordneten
Komponenten der klassischen Architektur zur Anwendung kommen.

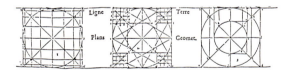

Es ist ebenfalls ganz offensichtlich, daß die *Taxis* und ihre *Schemata* bei allen Gebäuden unabhängig von ihrem Zweck angewendet werden können. Kirchen, Paläste, Villen, Gärten und Städte können das gleiche Grundrißmotiv, die gleiche Formel annehmen. Das Motiv des „zentralisierten Kreuzes", und mehr sogar noch die formalen Schemata, von denen es abgeleitet ist, gehören nicht zum Werk eines bestimmten Architekten. Wittkowers Darstellung der „Elf schematischen Grundrisse palladianischer Villen" hat viele interessante Diskussionen über die Architekturtypologie ausgelöst. Aber auch wenn sie mit Hinsicht auf Palladios Werk nicht inkorrekt war, so hat sie doch zu einigen irreführenden Folgerungen verleitet. Sie hat die Tatsache verschleiert, daß die *Taxis* und ihre *Schemata* ordnende Instrumente sind, die auf eine größere Anzahl von Gebäuden zutreffen, und daß die Taxis ihren tieferen Ursprung in der Denkweise der klassischen Poetik hat.

Das Vorhandensein des gleichen *Taxis*rahmens in Artefakten unterschiedlicher Bedeutung und unterschiedlichen Zwecks ist in der Tat auch charakteristisch für andere kulturelle Ausdrucksformen, die sich den klassischen Kanon zu eigen gemacht haben: für die Dichtkunst, die Malerei und insbesondere für die Musik. Kirchen − oder Opernmusik, ein Tanz oder ein Stück Kammermusik kann sich der gleichen musikalischen Struktur, der gleichen formalen Schemata bedienen. In diesen Künsten bringt die Unterordnung unter den klassischen Kanon die Einführung normativer Schemata mit sich, die denjenigen der klassischen Architektur entsprechen. Die Dreihebigkeit findet sich in allen Werken der klassischen Kunst. Alle klassischen Werke, seien sie in Worte gefaßt, in Musik gesetzt oder feste Form geworden, können aufgrund ihres strengen Beharrens auf einer Gliederung, die eine Sphäre der Abreise, eine zentrale Sphäre und eine Sphäre der Ankunft aufweist, identifiziert werden. So entdecken wir z.B. eine Eröffnung, eine Weiterführung und einen Abschluß, oder eine Einleitung, einen Hauptteil und eine Schlußfolgerung, oder eine Erörterung, eine Erweiterung und eine zusammenfassende Wiederholung. Als besonders typische Beispiele dafür bieten sich die Sonate (Momigny, 1806) und das A-B-A-Rondo in der Musik an, in denen der Part der themenführenden Streichinstrumente in die Bestandteile Aufstieg *(monte)*, Brücke *(ponte)* und Abstieg *(fonte)* gegliedert ist. Die Länge eines jeden Teiles ist nicht von Bedeutung. Wichtig ist vielmehr die klare Unterscheidung zwischen den Bestandteilen, ihre jeweilige charakteristische formale Rolle und die rigorose Anwendung des Prinzips bei jedem hierarchischen Schritt des Werkes. Riemanns (1903) achttaktige Periode der klassischen Musik *(Vierhebig-*

keit*), die auch als achttaktiges Phrasenmotiv bezeichnet wird, ist ein übertriebenes, jedoch wirksames musikalisches Strukturierungsmittel, und ähnelt ebenfalls in vieler Hinsicht der klassisch-architektonischen Taxis. Wie in der Architektur wirkt auch hier die Taxis nicht so sehr durch die Wiederholung schematischer Motive als vielmehr durch neue Kombinationen dieser Motive, die z.B. durch deren Erweiterung, Zusammenfassung, Dämpfung *(Takterstickung**)* — wenn der letzte Takt zum eröffnenden Takt wird — oder durch Verdopplung *(Anadiplose)* entstehen.

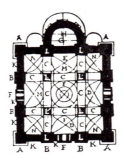

Die räumliche Taxisformel A B C D C B A, der wir in Cesarianos Illustrationen begegnet sind, gleicht dem Kreuzmotiv, das wir häufig in der klassischen Dichtkunst und Rhetorik finden, und das mit dem Begriff *Chiasmus* bezeichnet wird. In ihrer A B C B B C B A Version ähnelt sie der *Oktave* oder dem *Oktett*, das uns vom klassischen Sonett der Renaissance her bekannt ist.

Die klassische Taxis spiegelt sich in der musikalischen, textlichen und architektonischen Phrasierung, Periodisierung und Gliederung wider. Für einige Psychologen führt dies zu Spekulationen über die Struktur des Geistes. Ohne die Suche der kognitiven Wissenschaft nach fundamentalen Gesetzen des Denkens in Zweifel zu ziehen — die unserer Ansicht nach viel tiefer liegen als die formalen Rahmen, die wir hier behandeln —, möchten wir doch behaupten, daß ihre Erklärung wahrscheinlich im geschichtlichen Zusammenhang zu finden ist. Der Kanon aller kultureller Ausdrucksformen der Renaissance manifestiert sich traditionell in Übereinstimmung mit den gleichen paradigmatischen Objekten, wie sie z.B. Aristoteles, Vitruv und die Tempel der Antike deutlich machen.

---

* dt. im Original (A.d.V.)
** dt. im Original (A.d.V.)

Seit der Renaissance wurden Architekturkompositionen von der Taxis und ihren normativen Schemata kontrolliert, indem sie Umriß- und andere regulierende Linien bzw. Ebenen einführten, die wiederum Grenzen mar-

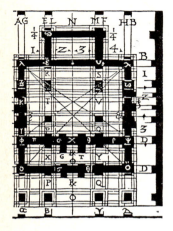

Raster
(Cesariano 1521)

Raster (Serlio 1619)

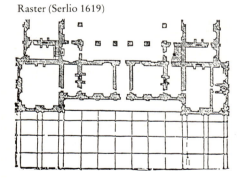

kierten und damit Flächen definierten, in die die individuellen architektonischen Elemente einbeschrieben werden konnten. Eine andere Methode, die Gliederung eines Werkes zu bestimmen, tritt Anfang des 19. Jahrhunderts in den Vordergrund. Der Raum wird nicht mehr durch den Umriß, sondern vielmehr durch eine Achse gegliedert. Der Umriß legt die Schnitte fest. Wir setzen hier voraus, daß die durch die Achse angedeuteten archi-

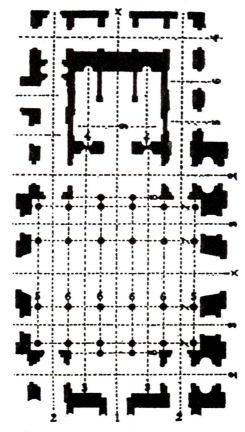

Alternatives Raster (Guadet 1901–1904)

tektonischen Glieder des Schnittes um sie herum auf spiegelbildlich symmetrische Art und Weise angeordnet werden. Ein Vergleich zwischen Cesarianos Diagrammen und denen Durands in seinem *Précis* ist äußerst enthüllend. Gelegentlich scheinen beide Methoden gleichzeitig zur Anwendung zu kommen, wie verschiedene perspektivische Studien, z.B. im *Livre de Perspective* von Cousin, anzudeuten scheinen.

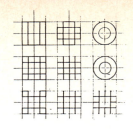
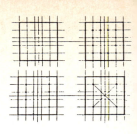

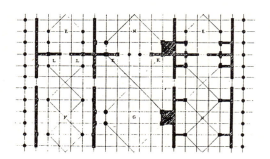

Grundrißgliederung durch auf Achsen beruhenden Taxisschemata (Durand 1802–1805)

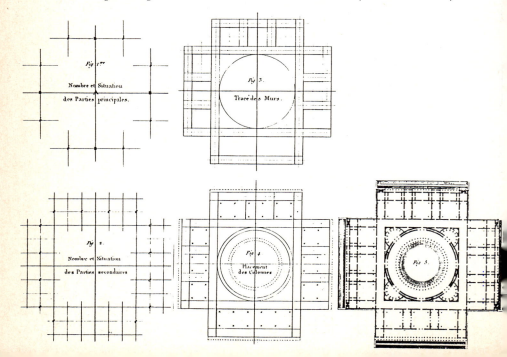

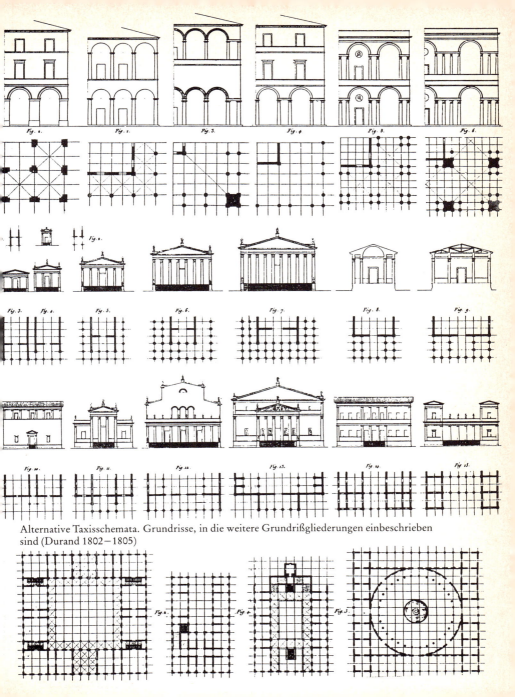

Alternative Taxisschemata. Grundrisse, in die weitere Grundrißgliederungen einbeschrieben sind (Durand 1802–1805)

Die Verschiebung von der Betonung des Umrisses zur Achse zu Beginn des 19. Jahrhunderts hängt wahrscheinlich mit der anwachsenden Verwissenschaftlichung der Architektur zusammen. Zu jener Zeit war die Verwendung der Achse weit verbreitet, besonders in so avantgardistischen Gebieten wie der Statik, der Kristallographie und der Morphologie von Tieren und Pflanzen. Sie markiert einen Schritt in Richtung Abstraktion und vereinfacht die Anwendung mehrerer Formeln auf dasselbe Objekt, besonders wenn die eine die andere überlagert, wie Guadets Illustration zeigt.

Als die klassische Architektur zu einem weniger geschätzten Stil wurde und man den klassischen Kanon als formalen Zwang verschmähte, waren es die *Taxis* und ihre Schemata, die zuerst und äußerst scharf attackiert wurden. Der malerische, romantische, regionalistische, expressionistische und moderne Antiklassizismus nahm erst Form an, als man eine Alternative zur klassischen Taxis entwickelt hatte.

Was jedoch die Zeiten anbelangt, in denen die klassische Architektur vorherrschte, so war die *Taxis* das favorisierte Kompositionsmittel. Zu jenen Zeiten dachte man, daß Schwäne und Delphine, Girlanden, Flügel und Fackeln, Voluten und Sphinxe zerfallen würden, die *Taxis* jedoch bliebe bestehen. Mario Praz stellte sich Winckelmann, einen der größten Verfechter der klassischen Architektur in der Geschichte, so vor: „In den düsteren Sphären des Hades (. . .), in seinem Arm einen geflügelten Gott haltend (. . .), die lieblichste aller Figuren (. . .), verzückt und lächelnd durch die Wiesen wandernd." (Praz 1969)

Es ist möglich, daß man — wenn man Winckelmanns Geist begegnete — bemerkte, daß er einen flachen Rahmen in den Händen hält, sein am meisten geliebtes, abgeschlossenstes Schema.

Rechte Seite:
Rechtwinkliges Rasterschema, das eine Komposition in regelmäßige Teile unterschiedlicher Größe gliedert (Cousin 1560)

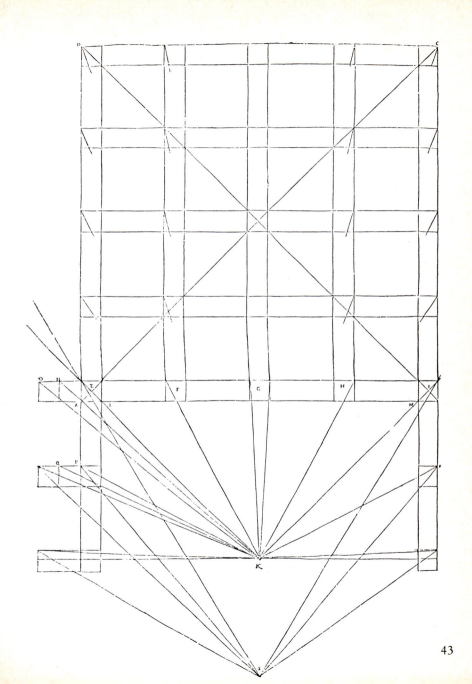

43

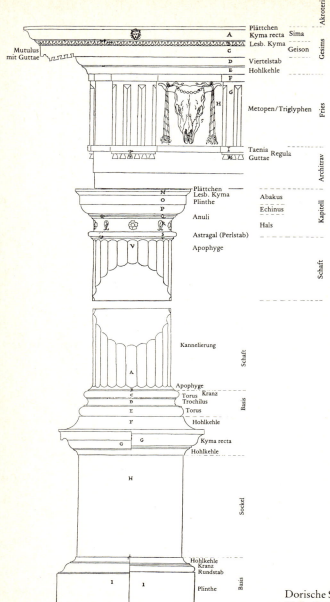

Akroterion

Plättchen
Kyma recta Sima
Lesb. Kyma   Gesims
Geison

Mutulus
mit Guttae

Viertelstab
Hohlkehle

Metopen/Triglyphen   Fries

Taenia Regula
Guttae   Architrav

Plättchen
Lesb. Kyma   Abakus
Plinthe   Echinus   Kapitell
Anuli
Hals

Astragal (Perlstab)

Apophyge   Schaft

Kannelierung   Schaft

Apophyge
Torus Kranz
Trochilus   Basis
Torus

Hohlkehle

Kyma recta

Hohlkehle

Sockel

Hohlkehle
Kranz
Rundstab   Basis

Plinthe

Dorische Säule mit Gebälken
(Palladio 1570)

44

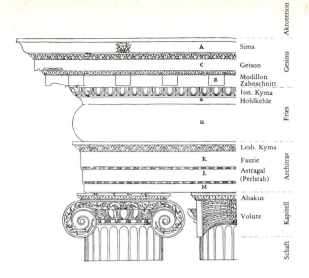

Akroterion

A   Sima

B

C   Geison

Modillon
Zahnschnitt
E

Ion. Kyma
G   Hohlkehle

H

Lesb. Kyma

K   Faszie

L   Astragal
(Perlstab)
M

Abakus

Volute

Gesims

Fries

Architrav

Kapitell

Schaft

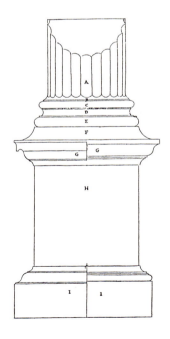

Ionische Säule mit Gebälken
(Palladio 1570)

45

Modillon
Ion. Kyma
Zahnschnitt
Lesb. Kyma

Gesims

Fries

Architrav

Viertelstab
Abakus
Volute
Blattkelch

Kapitell

Akanthus

Astragal

Schaft

Korinthische Säule mit Gebälken
(Palladio 1570)

Genera

Einer der faszinierendsten Aspekte der klassischen Architektur ist ihr Elementarismus, ihr Festhalten an einem äußerst eng gefaßten System. Mit Hilfe dieses Systems werden Gebäude entwickelt, indem aus einer bestimmten Anzahl individueller Einheiten die klassischen Ordnungen ausgewählt werden. Ordnung ist jedoch begrifflich irreführend. Der Begriff unterstellt, daß es nur einen Weg gebe, ein Gebäude zu ordnen, nur ein herrschendes Prinzip in der klassischen Poetik der Ordnung. Tatsächlich gibt es zusätzlich *Taxis* und *Symmetrie*. Die Taxis wurde im vorangegangenen Kapitel behandelt, und mit der Symmetrie wollen wir uns im nächsten Kapitel beschäftigen.

Hier nun wollen wir die Ordnungen der klassischen Architektur, oder vielmehr die *Genera*, wie wir sie bevorzugterweise nennen, untersuchen. Wir betrachten sie als formale Rahmen, die eine Anzahl von Schemata enthalten, die aber letztlich nichts anderes als die individuellen Elemente mit ihren charakteristischen Einzelteilen selbst sind. *Genera* war der von Vitruv verwendete Begriff, dessen sich die französischen Theoretiker bis ins 18. Jahrhundert hinein bedienten. Mit diesem Begriff ließ sich ausdrücken, was diese Elemente der klassischen Architektur darstellen: bereits existierende und verfügbare Individuen innerhalb einer bestimmten symbolischen Form. Vitruv verwies hauptsächlich im dritten und vierten Buch seines Werkes *De architectura* auf die Genera, als stellten sie wesentliche, generative Elemente der Natur dar. Für Vitruv bildeten die architektonischen *Genera* nicht nur ein natürliches Klassifizierungssystem sondern auch Richtlinien für den Entwurf, temporalisiert, regionalisiert und hauptsächlich profanen Ursprungs. Trotz der Bemühungen mehrerer Autoren der Spätrenaissance und der Gegenreformation, Vitruv ausschließlich mit dem neoplatonischen Mystizismus in Verbindung zu bringen, ist der Materialismus des *Lucretius* in bezug auf dieses spezielle Problem in seinen Schriften wesentlich dominanter.

Seit der Renaissance haben viele Autoren die Genera auf die gleiche Weise betrachtet, nämlich als unverletzliche Glieder einer natürlichen Systematik, die durch geheiligte „Grenzen und Einschränkungen" der „Ordnung der Dinge", aufgestellt vom „Verfasser der Natur", limitiert sind. Es gibt eine beträchtliche Anzahl von Schriften über den göttlichen Ursprung dieser *Genera*, ihre Beziehung zum Tempel Salomons und anderer himmlischer Urbilder und über ihre Funktion als eine Art geheiligtes Alphabet, jenseits menschlicher Zeit und menschlichen Ortes. Diese Vorstellung können wir in Cesarianos Kommentaren zu Vitruv finden, in großem Maße auch in den Schriften der spanischen, von der Gegenreformation beeinflußten Architekturtheoretiker. Die bedeutendste dieser Abhandlungen ist *Ezechielem Explanationes* von Villalpando. In diesem Buch werden die Gedanken Vitruvs systematisch mit der Doktrin der katholischen Kirche und der Bibel, insbesondere mit dem Buch Hesekiel, in Einklang gebracht.

Vitruv selbst macht auf vier *Genera* aufmerksam: das dorische, ionische, korinthische und das toskanische Genus. Auf die ersten drei Genera geht er näher ein, dagegen schenkt er dem toskanischen Genus nur wenig Beachtung. Unter den drei Genera werden das dorische und das ionische bevorzugt, weil sie als ursprüngliche Formen angesehen werden, während das korinthische Genus als Ableitung betrachtet wird. Wie ihre Namen vermuten lassen, ist jedes der Genera mit einer Region verbunden, in der es angeblich unter besonderen Umständen entstanden ist. Das dorische Genus gilt als das älteste, das korinthische als das jüngste.

Der divinatorisch-kosmologische Ursprung der *Genera* tritt wieder zutage, wenn Vitruv auf die „Schicklichkeit" eines jeden Genus hinsichtlich der Verehrung einer bestimmten Gottheit hinweist und damit das Problem des *Decorum* anspricht. Ebenso wird die Verbindung zu einer archaischen Vergangenheit deutlich, als die Genera zu Klassifizierungszwecken verwendet wurden. Lévi-Strauss hätte das „die Wissenschaft des Konkreten" (Das wilde Denken) genannt, eine Welt, die nach Geschlecht, männlich bzw. weiblich, und Alter, jung bzw. reif, eingeteilt ist und in der diese Unterschiede durch quantitative Beziehungen ausgedrückt werden. Überreste dieser Verwendung der Genera finden wir in der stark anthropomorphen Terminologie ihrer ‚Gliedmaße'. Ein Tempel muß von „hominis bene figurati membrorum" sein. „Die Zahl ergibt sich aus der Gliederung des Körpers" usw. Vitruv macht das besonders im ersten Kapitel seines Buches

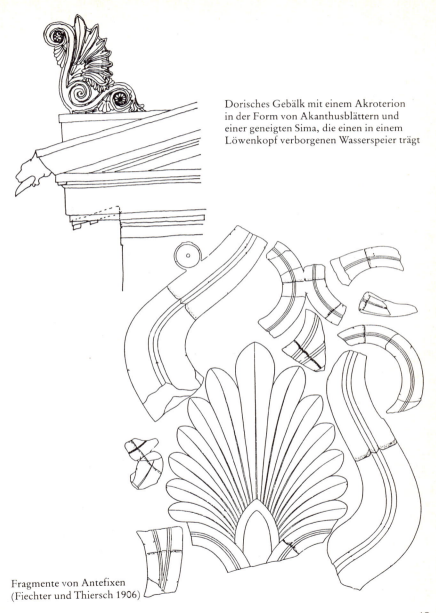

Dorisches Gebälk mit einem Akroterion
in der Form von Akanthusblättern und
einer geneigten Sima, die einen in einem
Löwenkopf verborgenen Wasserspeier trägt

Fragmente von Antefixen
(Fiechter und Thiersch 1906)

über das Entwerfen von Tempeln deutlich (Buch III). Die Schriften der Renaissance betonen diesen Aspekt noch stärker, indem sie durch die Verwendung der klassischen Architektur unleugbare Sinnlichkeit zum Ausdruck bringen. Der Portikus eines Tempels erweckt die Sehnsucht des Poliphilon, des Helden der *Hypnerotomachia Poliphili* (1499), weil die Proportionen der „göttlichen Öffnung" ihn an seine Geliebte Polia erinnern. Seine Liebe wird derartig entfacht, daß er von dem Verlangen übermannt wird, in die Öffnung „einzudringen". In einem jüngeren Beispiel läßt Valéry in seinem *Eupalinos* den Architekten folgende Erklärung abgeben:

> „Dieser zarte Tempel, niemand ahnt es, ist das mathematische Bildnis eines Mädchens von Korinth, das ich glücklich geliebt habe. Er wiederholt getreu die besonderen Verhältnisse ihres Körpers. Er lebt für mich." (S. 110)

In der klassischen Architektur kommt erotisches Vergnügen aber nicht nur in diesen literarischen Referenzen zum Ausdruck, sondern auch in den konkreten Formen der Genera selbst, in der Profilierung des *Kymation*, in

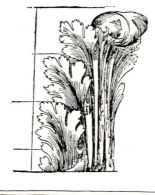

Ornamente (Delorme 1576)

den dicker und dünner werdenden fleischartigen Wellen des Materials, in den flachkannelierten Zylindern der Säulen und der weich geschwungenen *Hohlkehle, dem Eierstab, dem Torus, dem Ring, dem Astragal, der Apophyge*, angeschwollen wie durch sanftes Liebkosen. Es ist der Modus, der der körperlichen Form des Gebäudes die männliche oder weibliche Identität verleiht. Und tatsächlich, wenn man an einem heißen Nachmittag im Sommer an einer Säule lehnt, dann bebt einem das Herz, die Haut zieht sich zusammen, das Atmen wird schneller, die Wangen erröten. Es gibt jedoch auch solche Menschen, die dem Klassischen gegenüber Gleichgültigkeit empfinden, die nicht fähig sind, zwischen den klassischen Genera zu unterscheiden und von deren komplizierten Gliederungen nicht angeregt werden. Diese Menschen empfinden die Genera als fremdartig und mögen sie nicht. Dies deutet auf die Tatsache hin, daß letztendlich die *Genera* zusammen mit den anderen Komponenten der klassischen Architektur Konventionen sind, Produkte der Geschichte und der Gesellschaft, nicht aber Schöpfungen der Natur, die instinktive Reaktionen hervorrufen.

Gegen Ende der Renaissance stellte der Architekt und Theoretiker Serlio bezüglich der Anzahl und des Ranges der Genera, die nun ein fünftes Ge-

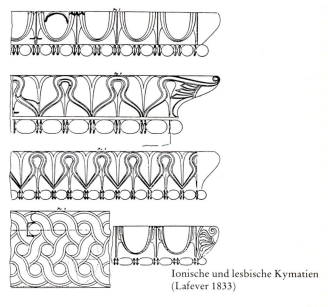

Ionische und lesbische Kymatien
(Lafever 1833)

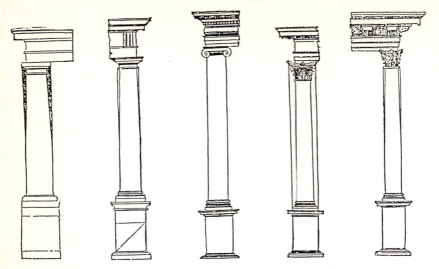

Kompositionselemente von Säulen auf Postamenten und von Säulen auf Basen. Beiden Gruppen liegt

nus, die Kompositordnung mit einschlossen, einen Kanon auf, und versuchte, zwischen den Genera und den göttlichen Wesen der Christenheit eine Beziehung herzustellen. Er versuchte aber auch, das Decorum in anderer Hinsicht zu modernisieren; er verwendete es, um weltliche Identität, soziale Stellung und Berufsstand in einer Gesellschaft zum Ausdruck zu bringen, die durch Instabilität, Mobilität und Klassenwiderspruch charakterisiert war.

Wie im Falle der Musik während der absolutistischen Ära der Hofkultur, als die Tonart dazu verwendet wurde, die Gesellschaftsstruktur zum Ausdruck zu bringen (Ratner, 1980; Riepel, 1755), hat das System der Genera die soziale Hierarchie in der klassischen Architektur verdeutlicht. In der Musik steht die C-Tonart für den Landbesitzer, die F-Tonart für den Tagelöhner; in der Architektur besteht eine Beziehung zwischen dem korinthischen *Genus* und dem Prinzen sowie dem toskanischen Genus und dem Soldaten. Sicherlich sind die Beziehungen zwischen gutem Stil, Decorum und sozialer Angemessenheit weitaus komplizierter, besonders in einer Periode geschäftigen öffentlichen Lebens der „eleganten Gesellschaft", ständiger Selbstdarstellung, des Auslebens der Machtstruktur und der Überbetonung familiärer Abhängigkeiten und Verpflichtungen. Das Be-

eine Rangordnung der Säulen von der toskanischen zur Kompositordnung zugrunde (Serlio 1619)

mühen um eine Klärung dieser Regeln des Decorum würde uns direkt in das Gebiet der Ikonographie führen, und jeder Versuch, die Notwendigkeit dieser kulturellen Legitimationshandlungen festzustellen, bringt uns in das Gebiet der Kulturgeschichte, weg von der formalen Analyse.

Wenn die Genera des Klassizismus nun aber keine Genera der Architektur im Sinne unveränderlicher, heiliger bzw. natürlicher Kategorien sind, gibt es dann Raum für mehr als fünf Ordnungen − der Anzahl, die Serlio in den *Regole generali di architettura sopra le cinque maniere de gli edifici . . .* (1537) als gegeben betrachtet hat und die seither mehr oder weniger allgemein akzeptiert worden ist? Architekten haben sich seitdem mit dieser schwierigen Frage beschäftigt. Sie übte nicht nur auf den ambitionierten Entwerfer, sondern auch auf den Förderer der Architektur Einfluß aus. Es war eine Frage, die die von nationalistischer Unterstützung abhängigen Höfe faszinierend fanden. Die Schöpfung einer einheimischen Ordnung hatte politische Vorteile im Hinblick auf kulturelle Unabhängigkeit. Auf Seite der Franzosen wird in dem Buch *Premier Tôme de l'Architecture*, das 1567 erschien (S. 219), der Entwurf von Philibert de l'Orme für eine französische dorische, sechste Ordnung beschrieben. Dies war der erste größere Versuch, die Reihe der Genera zu erweitern, und er beruhte auf italienischen Beispielen. Um 1670 herum findet sich Claude Perraults Vorschlag für Doppelsäulen, der 1671 auch in dem Buch *Recueil des Œuvres* von Pierre Cottart vorgelegt wurde und dann 1714 im *Traité d'Architecture* von Sebastien le Clerc (II, S. 177–178), 1691 im *Cours d'Architecture* von Charles-Augustin d'Aviler (S. 89) und in dem 1770 veröffentlichten *Dictionnaire* von Roland le Virloy (S. 19) aufgegriffen wurde. Ribart de Chamoust widmete 1776 ein ganzes Buch der *L'Ordre François trouvé dans la Nature*, um seinen Vorschlag für eine neue Ordnung zu untermauern, der für die wachsende funktionalistische Bewegung jener Zeit von größerer Bedeutung war als für die klassischen Genera. Es gibt aber auch andere Bemühungen außerhalb Frankreichs, wie z.B. die Vorschläge von Sebastien le Clerc für eine spanische und von L.C. Sturm für eine deutsche Ordnung, sowie auch die Vorschläge von James Adam und H. Emlyn für englische Ordnungen, die von dem letzteren sehr ausführlich in seinem Buch *Proposition of a New Order in Architecture*, das erst im Jahre 1797 erschien, dargestellt wurden.

Obwohl diese frühen Diskussionen und ihr neuerliches Studium durch die Baugeschichte uns zu verstehen helfen, warum die Menschen eine Beziehung zu den Bedeutungen der Genera und deren sozialem Zweck haben, tragen sie doch vom formalen Standpunkt her kaum zu unserem Verständnis der klassischen Architektur bei. Vitruv und spätere Theoretiker der klassischen Architektur schenken den Genera nicht nur als individuellen Personae in einem ikonographischen Panorama, sondern gleichermaßen auch als individuellen, abstrakten Elementen einer formalen Komposition Aufmerksamkeit.

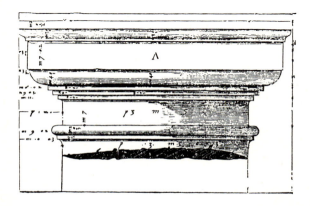

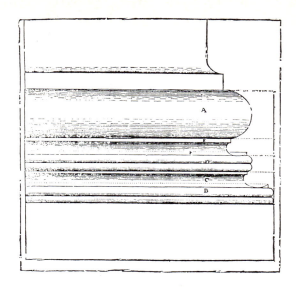

Linke Seite: Dorisches Kapitell, oben: Ionische Basis, unten: Gebälke (Delorme 1576)

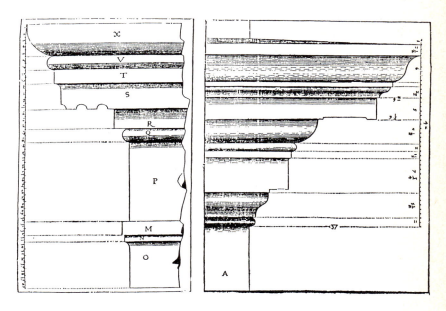

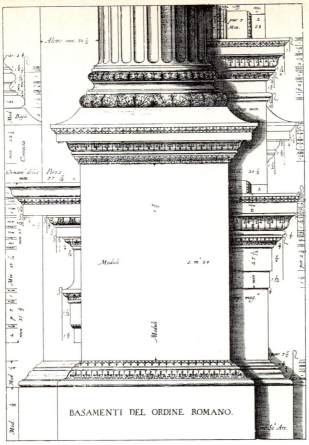

Romanisches Postament (Scamozzi 1615)

Als formale Elemente betrachtet, haben die Genera die äußerst bemerkens-
werte Eigenschaft, entsprechend ihrer Schlankheit und der Komplexität
ihrer Form beurteilt und geordnet zu werden. Durch diesen Vorgang wird
ein Gebäude ausschließlich aus Elementen bestimmter Proportion und
Konfiguration entworfen und dementsprechend, im Gegensatz zu einer
formlosen Gestalt, vor Widerspruch geschützt. In der klassischen Musik
entsteht aus einer vorher festgelegten Sammlung von Tönen bestimmter
Höhe und Dauer auf ganz ähnliche Weise eine Komposition von kohären-
tem Charakter und nicht etwa ein Wirrwarr undefinierbarer Geräusche.
Wir können diese Einteilung als formales Schema, als *Klassifikationssche-*

Dorisches Postament (Scamozzi 1615)

ma, betrachten. Eine andere wesentliche formale Eigenschaft aller Genera ist, daß sie, abgesehen von ganz wenigen Ausnahmen, den Schemata der Taxis, dem Raster und der Dreihebigkeit, folgen. Sie sind auf regelmäßige Weise in Glieder, wie sie in Vitruvs anthropomorpher Terminologie genannt werden, unterteilt. Die Dreihebigkeit der Genera veranlaßte viele Theoretiker, vor allem diejenigen mit funktionalistischer Neigung, dazu, deren Unterteilungen als eine Art Ikonographie eines Konstruktionsdiagramms auszulegen. Jedes Glied hatte eine konstruktive Aufgabe: ein Glied verteilte alle horizontalen Lasten, ein anderes leitete diese Lasten vertikal weiter, ein drittes schließlich übertrug sie in den Boden.

57

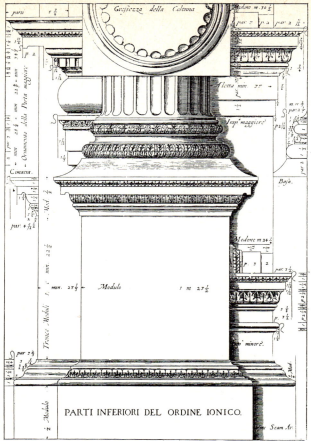

Ionisches Postament (Scamozzi 1615)

Dementsprechend argumentierte der deutsche romantische Philosoph
Schopenhauer, daß das „eigentliche Thema" der Architektur „Schwere,
Starrheit, Kohäsion" seien, „nicht aber, wie man bisher annahm, (. . .)
Form, Proportion und Symmetrie". Indem Schopenhauer die Genera ausschließlich als Verkörperungen von „Stütze und Last" betrachtete, konnte
er die Genera zwar bis zu einem gewissen Punkt erklären, aber er tat ihre
viel wesentlicheren Aspekte als Spiel „mit den Mitteln der Kunst" ab, daß
der Architekt ohne „die Zwecke derselben" verstehe.
Vitruvs anthropomorphe Interpretation der Dreihebigkeit der Genera bietet ebenfalls keine vollständige Erläuterung. Er weist darauf hin, daß sich

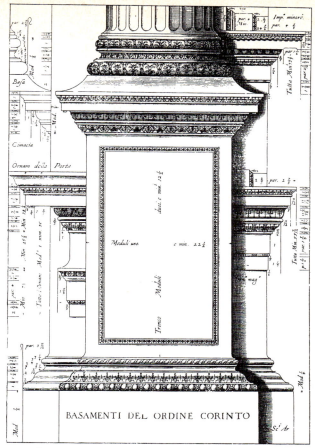

Korinthisches Postament (Scamozzi 1615)

die Teile einer Säule — das Kapitell, der Schaft und die Basis — von den Hauptelementen des menschlichen Körpers — dem Kopf, dem Körper und den Füßen — ableiten.
Es trifft zu, daß die klassischen Formen unserem intuitiven Empfinden bezüglich der Konstruktion entsprechen. Es ist ebenso eine Tatsache, daß die klassischen Formen, wie fast alle kulturellen Schöpfungen, Spuren des Anthropomorphismus aufweisen. Auf der anderen Seite jedoch reichen diese Erklärungen für eine befriedigende Darstellung der zwanghaften Formalität des klassischen Idioms, seines Gebotes für Geordnetheit und dessen Kanon nicht aus.

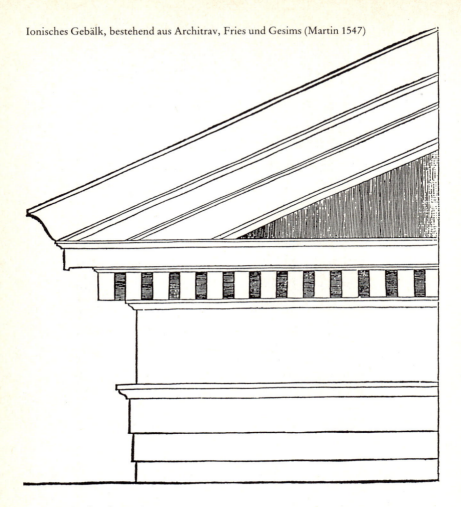
Ionisches Gebälk, bestehend aus Architrav, Fries und Gesims (Martin 1547)

Wenn wir die formalen Zwänge, die den Genera ihre Gestalt verleihen, unabhängig von ihrer Bedeutung betrachten, dann stellen wir fest, daß sie alle, ob dorisch, ionisch, korinthisch, toskanisch oder komposit, der Dreihebigkeit und dem Rasterschema des Taxisrahmens unterliegen, und zwar ungeachtet der Tatsache, daß die *Genera* selbst einen Rahmen außerhalb der Taxis darstellen.
Jedes der Genera wird in drei Teile gegliedert, und jedes Teil wird dem

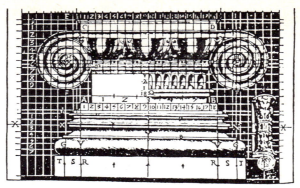

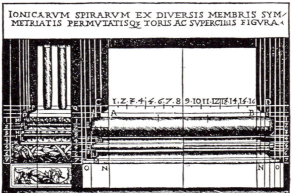

IONICARVM SPIRARVM EX DIVERSIS MEMBRIS SYM-
METRIATIS PERMVTATISQ; TORIS AC SVPERCILIIS FIGVRA⫰

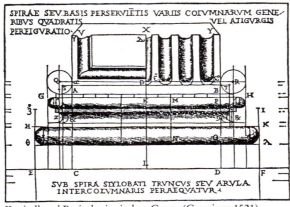

SPIRÆ SEV BASIS PERSERVIETIS VARIIS COLVMNARVM GENE-
RIBVS QVADRATIS   VEL ALIGVRGIS
PEREIGVRATIO⫰

SVB SPIRA STYLOBATI TRVNCVS SEV ARVLA
INTERCOLVMNARIS PERÆQVATVR⫰

Kapitell und Basis des ionischen Genus (Cesariano 1521)

Ionische Säule mit Gebälk (Perrault 1673)

gleichen Gesetz der Dreihebigkeit zufolge weiterhin untergliedert. Dementsprechend führt die erste Unterteilung zu folgendem Ergebnis:

1. ein *Gebälk*, ein horizontales Glied oberhalb der Säule,
2. eine *Säule*, ein langes, vertikales, zylindrisches Glied,
3. ein *Krepidoma* oder *Stylobat*, eine gestufte Plattform, auf der die Säule ruht, oder ein *Postament*, ein prismatisches Element unterhalb der Säule.

Ionische Basen auf Postamenten (Perrault 1673)

Jedes untergeordnete Teil ist dem Dreihebigkeitsschema entsprechend weiter untergliedert:
– das Gebälk in *Architrav, Fries* und *Gesims,*
– die Säule in *Kapitell, Schaft* und *Basis,*
– das Postament in *Karnies, Postamentwürfel* und *Postamentbasis,*
– der Stylobat in *drei Stufen.*

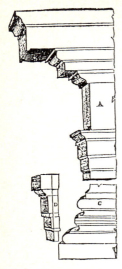

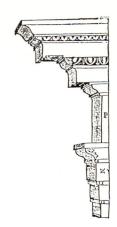

Profile (Serlio 1673)

Und noch ein weiteres Mal ist die Dreihebigkeit in jedes der oben aufgeführten Teile eingebettet:
die Basis der ionischen Säule wird in *Torus*, *Trochilus* und *Plinthe* gegliedert, und ihr Architrav in drei *Faszien*. Auf dieser Ebene der Untergliede-

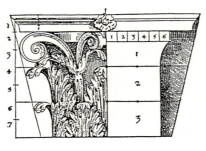

Korinthisches Kapitell
(Delorme 1576)

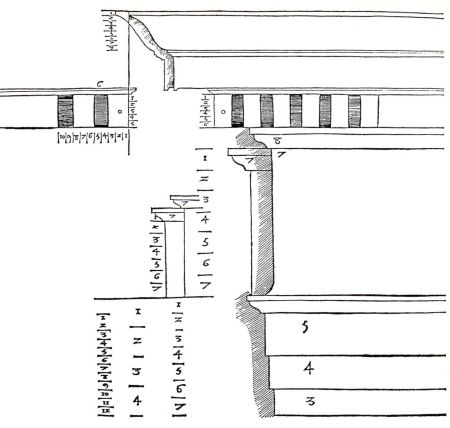

Proportionen eines ionischen Gebälks (Martin 1547)

rung gibt es komplizierte Ausnahmen. Die griechisch-dorische Säule hat
weder eine Basis noch hat ihr Architrav Faszien. Sogar die ionische Ordnung hat in ihren früheren Beispielen nur zwei Faszien. Auf der anderen
Seite beeinflußt jedoch keine dieser Ausnahmen die üblichen Merkmale
dieses Systems. Die Dreihebigkeit kommt als allgemeingültiges Gesetz
weiterhin auf die gleiche hierarchische Weise bis hinunter zum kleinsten
Architekturelement zur Anwendung, bis zur geringsten Welle im Material,
die im Kymation, in der Taenia, in der Zierleiste oder der Kannelur ihren
Ausdruck findet.

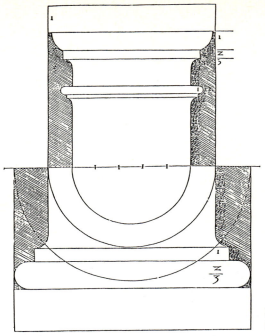

Dorische Profile
(Martin 1547)

Was für das Dreihebigkeitsschema gilt, trifft auch für das Raster zu. Ihm ordnen sich alle Genera unter. Es schränkt die relativen Größen der einzelnen Glieder durch die Anwendung eines allgemein gültigen Einheitssystems ein, das auf der Hälfte eines Säulendurchmessers beruht, dem Modul oder auf griechisch *Embates*. Der Modul stellt „Korrespondenzen" her zwischen jedem „der einzelnen Glieder, sogar dem kleinsten Detail, und dem gesamten Körper" des Genus (Buch III, Kap. I). Was zum Beispiel den dorischen Fall anbetrifft, so empfiehlt Vitruv 14 Moduln für die Gesamthöhe der Säule, ein Modul für die Höhe des Kapitells und zwei für dessen Breite. Die Höhe des Architravs einschließlich seiner *Taenia* und seiner *Guttae* beträgt ein Modul. Die Halbmetopen an den jeweiligen Ekken sind ein halbes Modul weit, die Triglyphen-Kapitelle ein Sechstel eines Moduls. Das Karnies oberhalb dieser Triglyphen-Kapitelle springt um zwei Drittel eines Moduls vor. Diese Liste setzt sich fort und wird noch detaillierter, wobei jede winzige Welle im Material durch das Proportionsraster genauestens beschrieben wird.

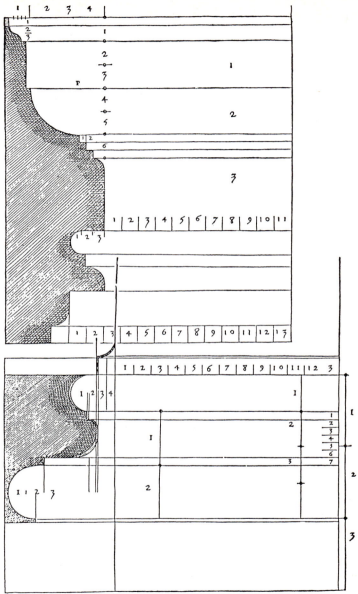

Proportionen eines dorischen Kapitells und ionischer Basen (Martin 1547)

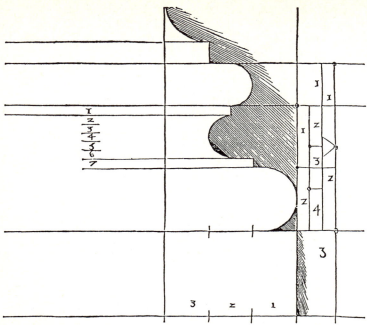

Proportionen ionischer Basen (Martin 1547)

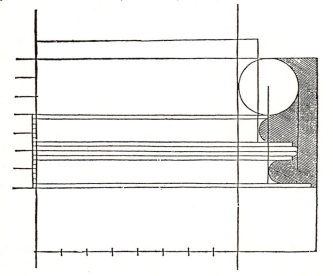

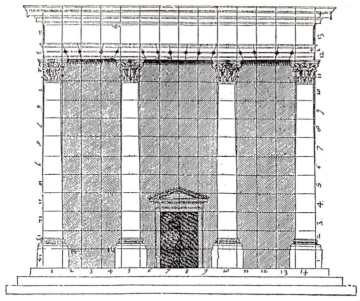

Fassadenproportionen (Delorme 1576)

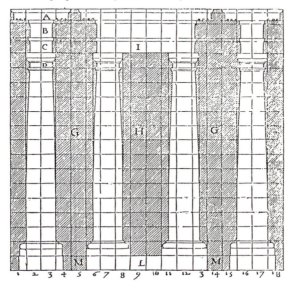

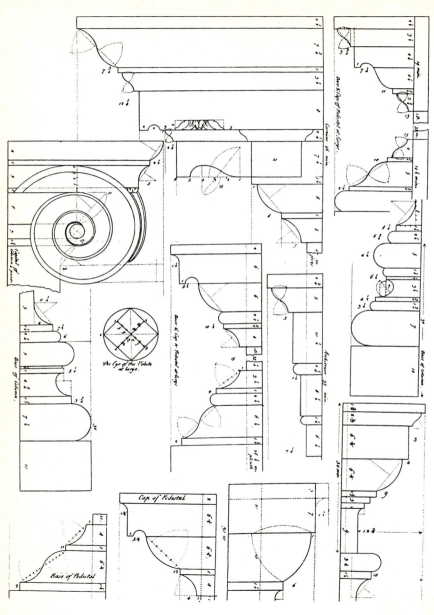

The Eye of the Volute at Large.

Cap of Pedestal

Base of Pedestal

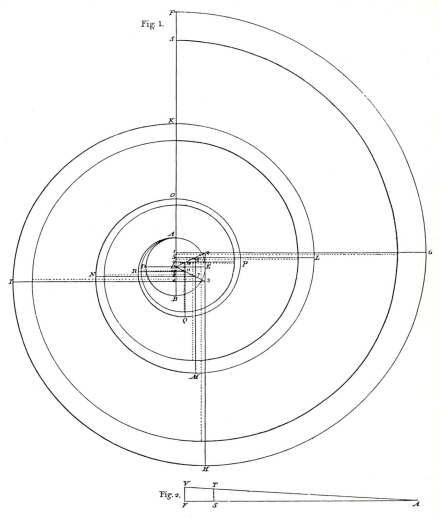

Geometrische Konstruktion ionischer Voluten (Chambers 1791)

Linke Seite:
Limitierung in der Profilausbildung durch geometrische Konstruktion (Pain 1762)

Anthropomorphe Aspekte kommen aufs neue zum Vorschein, um die Proportionen eines jeden der Genera, aufgrund derer sie geordnet sind, zu rechtfertigen. In der Diskussion um die Unterschiede zwischen den Genera behauptet Vitruv, daß das Verhältnis zwischen der „Dicke einer Säule" und ihrer Höhe bzw. den Abmessungen ihrer Teile seinen Ursprung im menschlichen Körper habe. Im Falle der dorischen Säule leiten sich die Proportionen vom männlichen Körper ab. „Welche Stärke der Schaft am unteren Ende auch hatte, eine Versechsfachung ergab seine Länge einschließlich des Kapitells." Dies soll die „Stärke" und „Anmut" des virilen Körpers ausdrücken. Die ionische Säule ergibt sich aus der „weiblichen Schlankheit". „Man bemaß den Durchmesser der Säule mit einem Achtel ihrer Länge, damit sie größer erscheine." Zusätzlich zu diesen zwei Genera, der „schlichten, schmucklosen", „männlichen" und der „weiblichen", gibt es einen dritten, den korinthischen Modus, der „die schmächtige Figur eines Mädchens nachahmt". Aber über diese anthropomorphen Analogien hinaus gibt es deutlich artikulierte, modale Architekturelemente, die in einer Reihenfolge schlanker werdender Proportionen angeordnet sind, sozusagen eine Reihe räumlicher Maßstäbe, unter denen man eine Auswahl treffen kann.

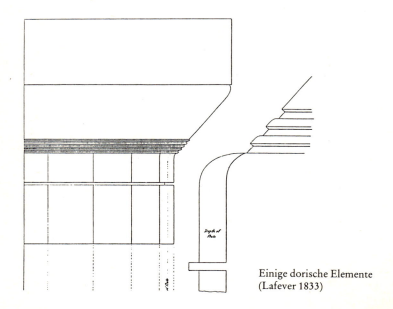

Einige dorische Elemente
(Lafever 1833)

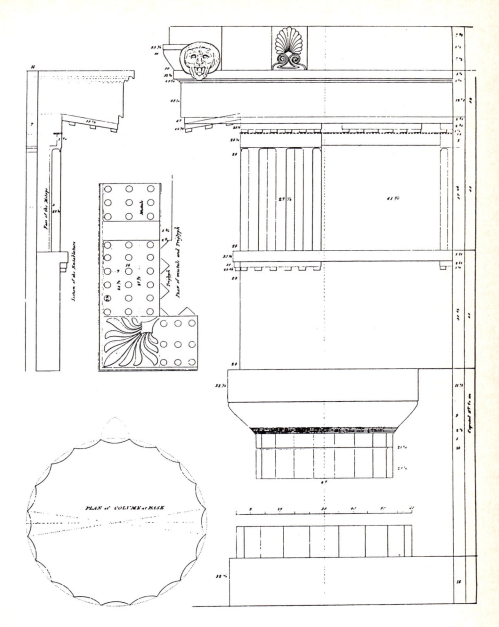

Section of the Mutule

Face of the Mutule

Section of the Entablature

Mutule

Triglyph

Plan of mutule and Triglyph

PLAN of COLUMN at BASE

73

Dorische Säule mit Gebälk (Perrault 1673)

Rechte Seite: Ware (1768)

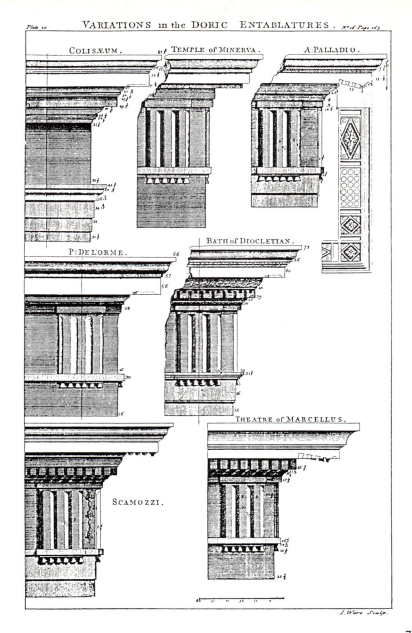

COLISÆUM.   TEMPLE of MINERVA.   A: PALLADIO.

P: DE L'ORME.   BATH of DIOCLETIAN.

THEATRE of MARCELLUS.

SCAMOZZI.

I. Ware Sculp.

Plate 75   N° 10 Page 212

TUSCAN ORDER.

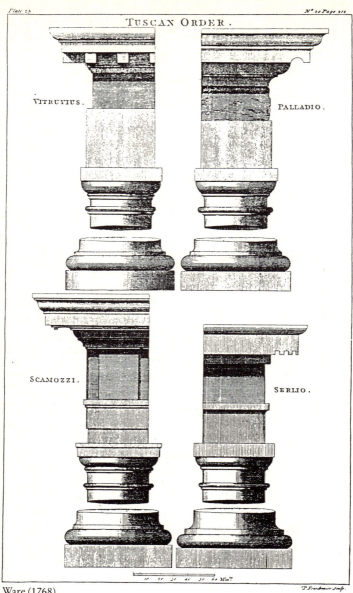

VITRUVIUS.

PALLADIO.

SCAMOZZI.

SERLIO.

Ware (1768)

T. Frankmair Sculp.

76

Plate 19   N° 15 Page 155

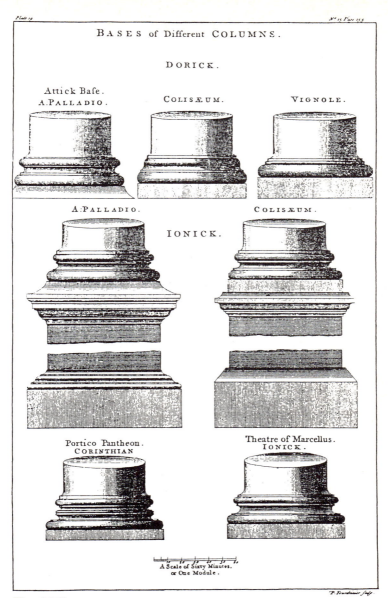

BASES of Different COLUMNS.

DORICK.

Attick Bafe.
A.PALLADIO.   COLISÆUM.   VIGNOLE.

A:PALLADIO.   COLISÆUM.

IONICK.

Portico Pantheon.   Theatre of Marcellus.
CORINTHIAN   IONICK.

A Scale of Sixty Minutes,
or One Module.

Ware (1768)

P. Fourdrinier fculp.

77

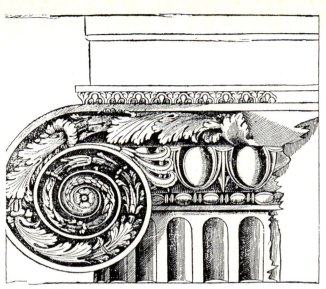

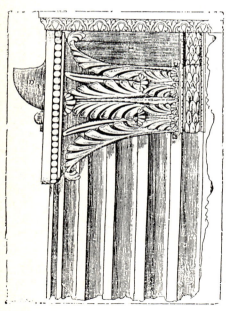

Ionische Kapitelle (Delorme 1576)

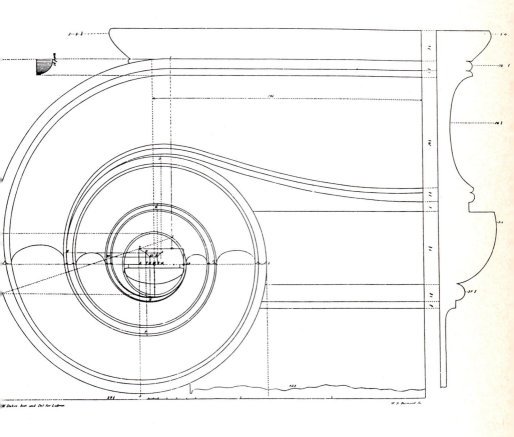

Volute des ionischen Tempels am Ilissos-Fluß bei Athen (Lafever 1833)

Corniche des frontons pointus.

Corniche des frontons ronds.

Chapiteau des Colonnes dessiné sur l'Angle.

Plan du Chapiteau des Colonnes renversé.

ffite de l'Architraue

Profil de l'Architra.

Korinthisches Kapitell, Architrav und Gesims des Pantheon in Rom (Desgodetz 1682)

Korinthischer Fensterrahmen (Scamozzi 1615)

Die Schemata der Genera lassen sich auch auf andere Architekturelemente anwenden, die zur Auswahl stehen, um ein klassisches Gebäude zu komponieren. Zunächst haben wir es mit den vertikalen körperähnlichen Elementen zu tun, die fast als Variationen der säulenförmigen Genera behandelt werden: dem *Pfeiler*, einer freistehenden Stütze mit quadratischem oder rechteckigem Querschnitt, dem *Pilaster* (oder *Parastas*), einem in eine freistehende Wand eingebundenen Pfeiler, aber auch der mit einer Wand verbundenen Säule. Als weiteres gibt es am Rande eines Balkons oder einer Treppe das Geländer, das man als *Balustrade* bezeichnet, wobei der obere Abschluß dem Gesims gleichkommt, während der *Baluster* der Stütze und das untere Teil dem *Krepidoma* entspricht.

Kurzum, unabhängig von seiner Größe unterliegt jedes vertikale, körperliche Element − sei es eine Wand, eine Brüstung, ein Pfosten, eine Plattform oder ein Altar −, das Teil eines klassischen Gebäudes wird, der gleichen Behandlung: Es wird gegliedert und proportioniert und wird so zu einer Verwandten der säulenförmigen Genera.

Ausbildung der Genera an Fensterrahmen und Türen (Serlio 1619)

Serlio (1619)

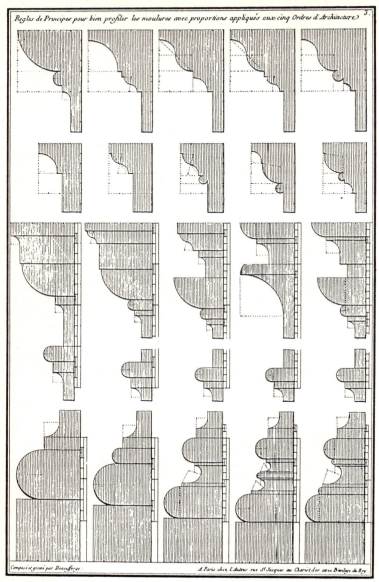

Profile und ihre Proportionen in den fünf Genera (Neufforge 1757–1780)

84

Korinthisches Deckenelement im Tempel des Mars (Palladio 1570)

Ionische Deckenelemente (Serlio 1619)

Auch die Öffnungen eines Gebäudes werden als zu den *Genera* gehörige individuelle Einheiten behandelt. Türen, Fenster und Nischen werden kategorisiert, indem die Proportionen und die Form ihrer Öffnung reguliert werden und man ihren Genera Merkzeichen beifügt. Aber man findet auch andere Arten der Klassifizierung, z.B. wenn eine Öffnung von *Säulchen* flankiert wird, über denen ein *Ziergiebel* oder ein *Fronton*, ein dreieckiges oder geschwungenes Element ähnlich dem Dachabschluß eines klassischen Gebäudes, angeordnet ist; oder wenn ein sogenanntes *Antepagmenta* um die Öffnung herum angebracht ist, eine umlaufende Verkleidung bzw. Verblendung, die sowohl den Öffnungssturz als auch die Pfosten mit angemessen geformten und proportionierten Zierleisten einrahmt.

Decken- und Türtäfelungen können ebenfalls aus Einheiten hergestellt werden, die der Disziplin der Genera eng verbunden sind, indem die Proportionen ihrer einzelnen Paneele in die Form von Kastenelementen modelliert und in deutlich artikulierte Rahmen eingebunden werden. Indem man eines der Genera auswählt und es auf ein Gebäude anwendet, erreicht man Widerspruchsfreiheit auf ganz ähnliche Weise wie in der Musik durch die Wahl einer bestimmten Tonart. Sowohl in der klassischen Architektur als auch in der klassischen Musik können die *Genera* innerhalb des gleichen Werkes untereinander ausgetauscht werden. Ein Modus folgt dem anderen durch einen Vorgang, der üblicherweise als *Modulation* bezeichnet wird. Diese wechselnden Modulationen sind ein wesentlicher Bestandteil der Kompositionstechnik.

Unterseite eines dorischen Geisons (Perrault 1673)

In den Versuch, die Unabänderlichkeit und den göttlichen Ursprung der klassischen Doktrin der Genera und ihrer Proportionen nachzuweisen, sind große Mühen gesteckt worden. Gute klasssische Werke wurden miteinander verglichen, um die ihnen gemeinsamen Qualitätsmerkmale zu finden. Fréart de Chambrays *Parallèlle de L'Architecture et de la Moderne* (1659) war ein bahnbrechender Schritt in diese Richtung. Der Hoffnung, absolute Normen für die *Genera* zu entdecken, wurde jedoch in Desgodetz' *Edifices Antiques de Rome* (1682) ein schwerer Schlag versetzt. Hier zeigten wissenschaftlich genaue Vermessungen antiker klassischer Gebäude Roms, daß fast jedes der Genera seine eigenen Proportionsnormen hatte, unabhängig von denen anderer Gebäude. Ausführliche Schlußfolgerungen dieser Ergebnisse wurden von Claude Perrault (Herrmann, 1973, Tzonis, 1972) gezogen. In seinem Buch *Ordonnance des Cinq Espèces de Colonnes* aus dem Jahre 1683 sprach er sich für das willkürliche Wesen der klassischen Entwurfsnormen aus und öffnete so den Weg für ein rationales Studium der klassischen Architektur als System formaler Konventionen.

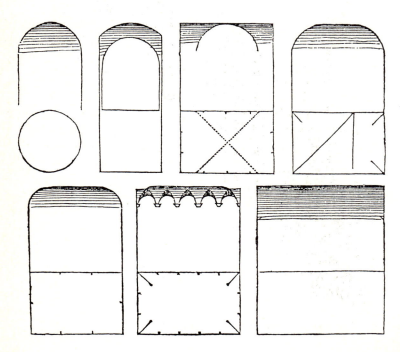

Ionisches Eckkapitell am Tempel der Fortuna Virilis in Rom
(Palladio 1570)

Linke Seite: Proportionen eines Innenraumes (Palladio 1570)

Ausbildung der Interkolumnien in der toskanischen, dorischen, ionischen, korinthischen und Kompositordnung (Palladio 1570)

Symmetrie

Die Symmetrie ist, Taxis und Genera ähnlich, ein Rahmen, der die architektonische Formenvielfalt einschränkt und sie von Widersprüchen freihält. Vitruv definiert Symmetrie als „sich aus den Gliedern des Bauwerks (. . .) ergebenden Einklang" und als „Wechselbeziehung der einzelnen Teile (. . .) zur Gestalt des Bauwerks als Ganzem" (I, Kap. II, 4). Allgemeiner ausgedrückt, umfaßt die Symmetrie alle Beziehungen zwischen jenen individuellen Architekturelementen, die ausgewählt wurden, um die verschiedenen Positionen der Komposition auszufüllen. Zwischen den Elementen und ihren Gliedern lassen sich zwei Symmetrieschemata unterscheiden:
1. die rhythmischen Muster,
2. die formalen Tropen.

Rhythmische Muster

Der Rhythmus bildet eine der fundamentalsten Möglichkeiten, in der architektonische Elemente miteinander in Beziehung treten können. Er basiert auf der Unterscheidung zwischen betonten und unbetonten Elementen und deren Gruppierung in kleine, unkomplizierte Einheiten, die ein *metrisches Muster* bilden. Dieses Muster wird innerhalb eines gegebenen Raumes, der durch Taxis gegliedert ist, wiederholt.
Die Betonung hebt den Unterschied zwischen starken und schwachen Architekturelementen hervor, wobei diese Differenzierung begrifflich verstanden werden muß, nicht als Beschreibung einer visuellen Sinneswahrnehmung. Wenn wir sagen, daß ein bestimmtes Element betont ist, dann wollen wir damit zum Ausdruck bringen, daß dieses Element von formaler Bedeutung ist, aber nicht, daß es uns auf besondere Weise ins Auge fällt.

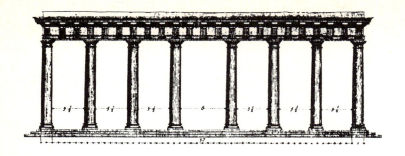

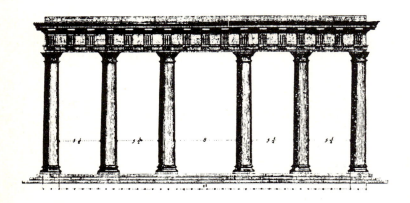

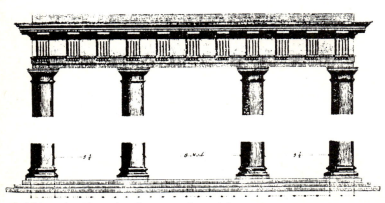

Ausbildung des Oktastylos, des Hexastylos und des Tetrastylos (Alberti 1726)

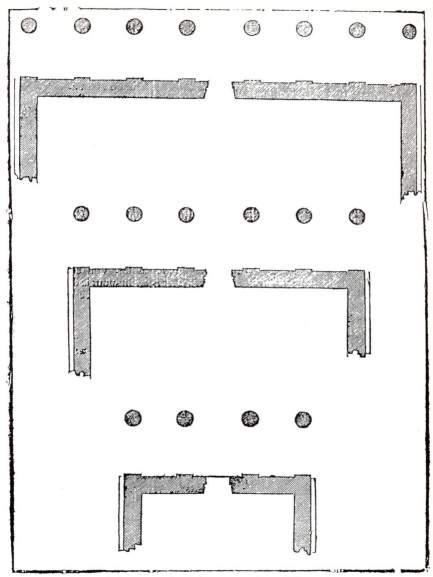

Ausbildung der Interkolumnien: Oktastylos, Hexastylos und Tetrastylos
(Delorme 1561—1567)

Nicht, daß der Rhythmus von der materiellen Wirklichkeit des Gebäudes und der Funktion seiner Elemente als Lichtquellen gänzlich losgelöst zu sehen wäre. Diese visuellen Daten sind von grundlegender Bedeutung, sie müssen jedoch innerhalb eines konzeptionellen Rahmens weitergehend interpretiert werden, um eine formale Bedeutung zu erlangen. Dasselbe gilt auch für die Wahrnehmung dieser betonten und unbetonten Glieder in Gruppen. Die relative Entfernung zwischen den Gliedern spielt bei der Bildung solcher Gruppen eine wichtige Rolle; aber auch hier sollte die Entfernung nicht als tatsächliches Maß angesehen, sondern mit einer räumlichen Situation nur assoziiert werden.

In dem wohl bekanntesten Beispiel der klassischen Architektur, dem Portikus oder der Fassade eines Tempels, tritt die elementarste Art der *metrischen* Organisation in Form einer Säule, eines akzentuierten Elementes auf, dem ein sich zwischen den Säulen befindlicher Raum, ein nicht akzentuiertes Element, folgt. Wir haben es hier mit dem trochäischen Versfuß der Architekturpoetik zu tun – das betonte Element gefolgt von einem unbetonten Intervall – oder, da jede klassische Kolonnade sowohl mit einem betonten Element beginnt als auch endet, auch mit einer Säule endend. Die unterschiedlichen Tempelformen werden durch metrische Muster hinsichtlich der Anzahl der Säulen innerhalb einer Kolonnade gekennzeichnet: der Tempel mit vier Säulen wird *Tetrastylos* genannt, derjenige mit

Interkolumnien bei Portiken des ionischen und korinthischen Tetrastylos: Pyknostylos, Diastylos (rechts oben) und Aereostylos (rechts unten) (Rusconi 1590)

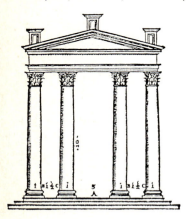
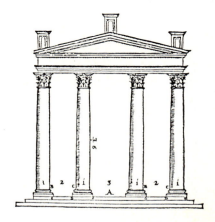

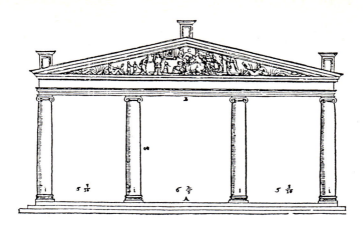

sechs Säulen *Hexastylos*, mit acht *Oktastylos*, mit zehn *Dekastylos* und derjenige mit zwölf Säulen *Dodekastylos*. Diese Begriffe beziehen sich auf den mit dem Eingang in Verbindung stehenden Portikus, ein Fall, der häufiger in der jüngeren Geschichte auftrat, als die reine Tempelform seltener wurde.

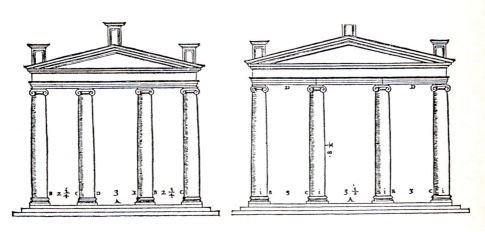

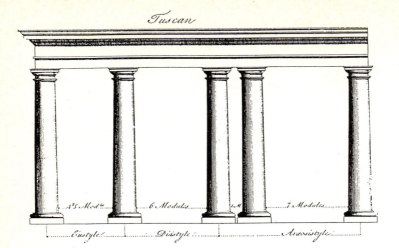

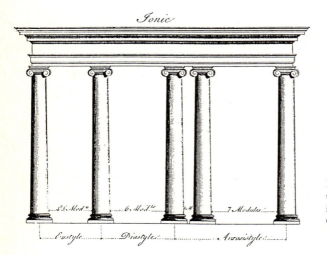

Interkolumnien der toskanischen, dorischen, ionischen und korinthischen Genera (Chambers 1791)

Die Stärke der Hebung, des betonten Architekturelements, und die Anzahl der Intervalle zwischen den Hebungen, die unbetonten Elemente, erzeugen metrische Einheiten und Muster, die die Verteilung der Akzentuierung im Raum kontrollieren. Der Rhythmus einer Kolonnade wird durch die metrischen Normen des Interkolumniums festgelegt, das den lichten Abstand zwischen zwei benachbarten Säulen festlegt. In der Litera-

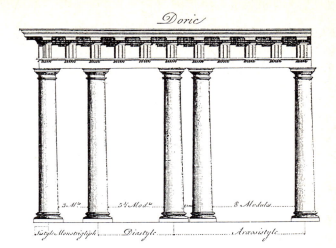

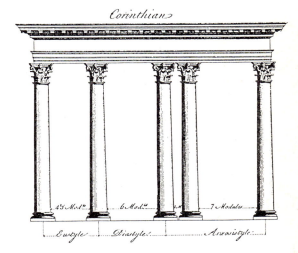

tur der klassischen Architektur steht dieser Abstand üblicherweise im Verhältnis zum halben Durchmesser der Säulen, gemessen am unteren Ende des Schaftes, dem *Modul*.

Ist der Abstand zwischen zwei Säulen größer als ein Durchmesser, dann können wir sagen, daß eine gedämpfte Wiederholung des metrischen Moduls der Säule vorliegt – vierfach in der Kolonnade des *Araeostylos* (ta-ti-

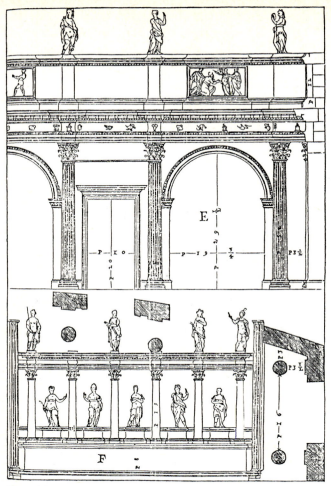

Tempel des Nerva Trajan. Skulpturen als Elemente metrischer Muster
(Palladio 1570)

ti-ti-ti-ta), dreifach in der Kolonnade des *Diastylos* (ta-ti-ti-ti-ta), andert-
halbfach in der Kolonnade des *Pyknostylos* (ta-ti-tit-ta). Metaphorisch
betrachtet, kann man die Verhältnisse des Interkolumniums als geordneten
Raum zwischen menschlichen Körpern verstehen, oder vielleicht sogar als
rhythmische Struktur der Schrittfolgen eines Tanzes, jener Kunstform,

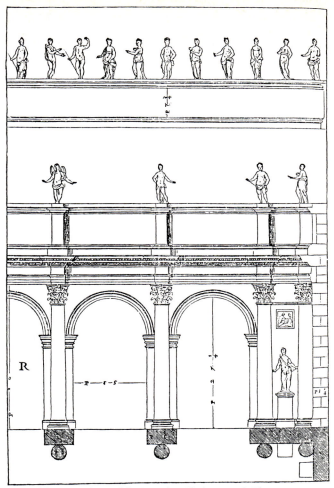

Tempel des Antonius und der Faustina. Skulpturen als Elemente
metrischer Muster (Palladio 1570)

von der sich, nach Aristoteles, jeglicher Rhythmus ableitet. *Eurhythmia* –
die gute rhythmische Gliederung – bezeichnet den Charakter eines Werkes, das erfolgreich den metrischen Mustern des Vitruv folgt (I, Kap. II,
3). Aber die Intervalle sind den Gliedern selbst gleichwertig.
Metrische Muster treten aber nicht nur in Kolonnaden auf, sondern in je-

der regelmäßigen Anordnung, deren architektonische Elemente durch die Polarität zwischen Betonung und Nichtbetonung manipuliert werden. Wir können die Säulen durch Wandpfeiler und die Intervalle durch Fenster, Türen und Nischen ersetzen. Auch können wir die Säulen durch Pilaster und die Intervalle durch Wandflächen ersetzen. Und schließlich können wir uns sogar Skulpturen als betonte Elemente vorstellen und den Himmel im Hintergrund, gegen den ihre Silhouette projiziert wird, als Intervall.

In allen diesen rhythmischen Beziehungen läßt sich ein regelmäßig wiederkehrendes Maß erkennen, das von den betonten und den daneben liegenden unbetonten Elementen bestimmt wird. Weitergehend können wir allgemein feststellen, daß bei der metrischen Formgebung in der Architektur die Differenzierung zwischen betonten und unbetonten Elementen durch eine Anzahl formaler Gegensätze zum Ausdruck gebracht werden kann, zum Beispiel durch

massiv	—	leer
konkav	—	konvex
flach	—	gebogen
hervorstehend	—	eingesunken
poliert	—	rauh
Farbe X	—	Farbe Y

Das kleinste metrische Muster besteht aus einem betonten Element, das zusammen mit einem unbetonten angeordnet wird; das unbetonte Element wird von den zwei betonten flankiert. Diesen Fall finden wir bei dem einfachen Portikus bzw. dem Bogen. Wir bezeichnen solche Anordnungen als *architektonische Motive* oder als *metrische Muster*. Es existieren aber auch andere, komplexe Kombinationsmöglichkeiten zwischen betonten und unbetonten Elementen, z.B.

die Doppelsäule,
der viersäulige Portikus (Tetrastylos),
das Serlianische Fenster,
der Triumphbogen,
der Bogen.

Durch die wiederholte Anwendung desselben metrischen Musters entsteht eine ganzheitliche Komposition; dies wird bei einer großen Anzahl von antiken Tempelfassaden deutlich, aber auch bei jüngeren Werken, wie z.B. bei vielen der Renaissance-Fassaden, die wir bei Percier und Fontaine finden, und bei Fassaden der Neo-Renaissance, wie sie uns von Krafft und Ransonette vorgestellt worden sind. Ein metrisches Muster oder Motiv

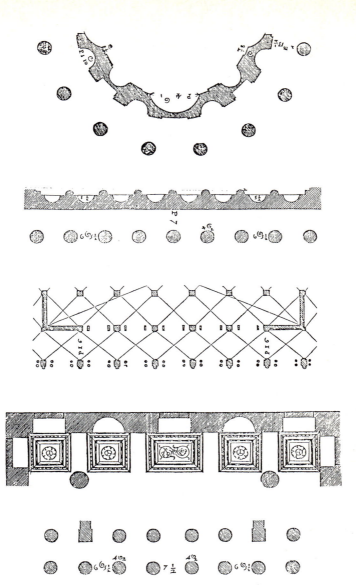

Das Aufeinanderfolgen metrischer Muster, eines nach dem anderen
(Palladio 1570)

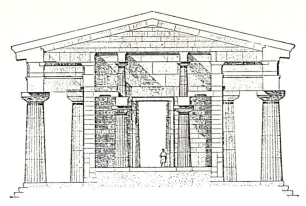

Tempel des Poseidon in Paestum (Durm 1882)

findet oft aber auch nur bei einem Teil einer architektonischen Komposition Anwendung, um dann von einem anderen Motiv abgelöst zu werden. Ebenso lassen metrische Muster sich miteinander kombinieren.

Metrische Muster und Motive führen daher zu umfangreicheren, gegliederten Architektureinheiten. Solche Einheiten lassen sich mit anderen Einheiten verbinden, um dadurch größere Kompositionseinheiten hervorzubringen. Diese Gefüge können durch einfache Wiederholung des metrischen Musters oder Motivs miteinander verknüpft werden. Auf der anderen Seite wird manchmal die ursprüngliche Einheit durch recht komplizierte Vorgänge umgeformt, indem einige ihrer Elemente modifiziert werden, um eine Einheit zum Abschluß zu bringen. Wir führen hier einige dieser typischen Modifikationen auf:

— Verdoppelung einer Säule oder eines betonten Glieds,
— Variation der Abmessungen eines betonten Glieds,
— Ersetzung des betonten Glieds, der Säule, z.B. durch einen Pilaster,
— Variation der Abmessungen eines Intervalls oder eines unbetonten Glieds,
— Einfügung eines vollständig neuen Motivs anstelle eines Glieds.

Metrische Muster können in linearer Folge entwickelt werden, aber auch, indem sie der ordnenden Kurve eines Kreises bzw. jeder anderen regelmäßig gebogenen Figur folgen. Die Übereinanderstellung von Elementen führt äußerst selten zu metrischen Mustern. Hier gelangt eine recht andersartige Art der formalen Beziehungen zur Anwendung. Wiederholungen identischer Elemente sind selten. Üblicherweise werden *Modulationen*, Abänderungen der *Genera*, Umformungen und Differenzierungen der Genera verwendet. Den Griechen der Antike waren solche Ideen ziemlich gleichgültig. Sie zögerten nicht, eine dorische Säule mit einer weiteren dorischen Säule zu überlagern, deren Abmessungen dabei jedoch zu verringern. Dagegen wurde beim Kolosseum in Rom eindeutig eine Modulation vorgenommen. Seit der Renaissance ist der griechische Brauch denn auch selten geworden. Der Übereinanderstellung folgte die Modulation. Dafür wird eine hierarchische Anordnung der Genera gewählt, deren

Übereinanderstellung der Genera beim Kolosseum in Rom, nach Palladio
(aus: Barbaro 1556) und Übereinanderstellung der Genera (Neufforge 1757—1780)

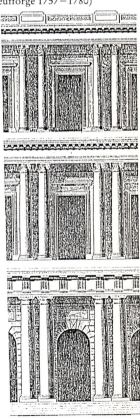

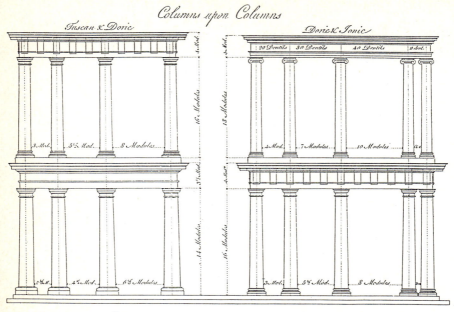

Interkolumnien und Übereinanderstellung unterschiedlicher Genera (Chambers 1791)

Einteilung auf der jeweiligen Schlankheit beruht und für die das Kolosseum als Prototyp betrachtet wird. Jedes Geschoß des Gebäudes über-
nimmt ein jeweils schlankeres Element, wobei sich der äußerst robuste
Sockel im *rustizierenden* Modus mit Reihen aus recht grob gehauenen Stei-
nen und Quadern darstellt, die durch tiefe Fasen voneinander getrennt
sind. Darauf folgt zunächst eine Zone im dorisch maskulinen Modus, dann
eine Zone im eleganteren ionischen Modus, und schließlich das Dachgeschoß oder eine korinthische Zone, in welcher die schlankste Form der
Genera zur Anwendung kommt.
Metrische Muster oder Motive können miteinander auf drei Arten kombiniert werden:
1. eines über dem anderen,
2. eines hinter dem anderen,
3. eines eingebettet in ein anderes.

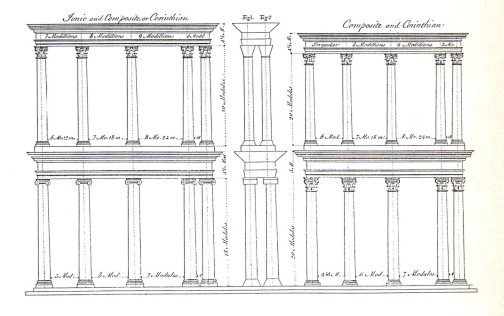

Auf diese Weise bietet sich die Möglichkeit, daß jedes metrische Muster eines bestimmten Typus mit zwei oder mehreren Einheiten eines anderen Typus korrespondieren kann. Metaphorisch betrachtet, kann man von einer Kombination einer „langsameren", weniger ausdrucksstarken musikalischen Phrase mit einer „schnelleren" und ausdrucksstärkeren innerhalb desselben Taktes sprechen:

a   b   a   b   a
c   ded   c   ded   c

In diesen Fällen muß besonders darauf geachtet werden, daß sich die betonten und die unbetonten Elemente der miteinander korrespondierenden Einheiten entsprechen und Widersprüche vermieden werden.
Eines der faszinierendsten Probleme der klassischen Architektur ist sehr eng mit der Manifestation der doktrinären Behauptung verbunden, ein Ge-

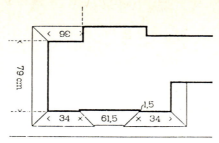

Schnitt durch einen ionischen Pilaster des
Erechtheion in Athen (Kohte 1915)

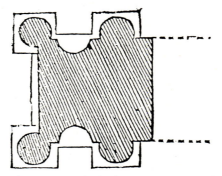

Akzentuierter Abschluß (Serlio 1619)

bäude bilde eine Welt innerhalb der Welt. Es entwickelt sich aus der Beziehung zwischen Rhythmus und *Taxis*. Die *Taxis* gliedert das Gebäude und
bestimmt die Grenzen für die Entwicklung eines rhythmischen Musters.
Das Muster muß an einem vorgeschriebenen Punkt sowohl beginnen als

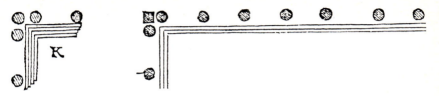

Möglichkeiten zur Ausbildung eines akzentuierten Abschlusses (Palladio 1570)

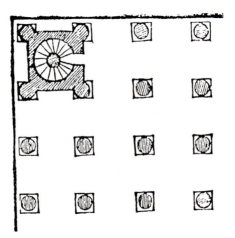

Akzentuierter Abschluß (Serlio 1619)

auch enden. Auch in der klassischen Musik steht das Problem der Beendigung einer Phrase oder eines Satzes, der sogenannten Kadenz, im Mittelpunkt, um die Verschmelzung von rhythmischen und periodischen Schemata zu manifestieren.

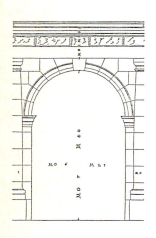

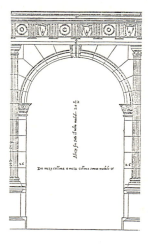

Von Postamentsäulen
und Gebälkmotiven
umgebene Bögen in den
fünf Genera
(Palladio 1570)

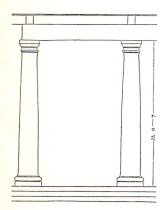

Ausbildung der Inter-
kolumnien in den fünf
Genera (Palladio 1570)

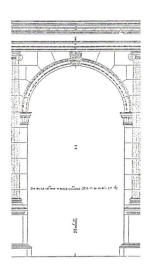

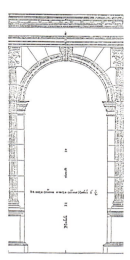

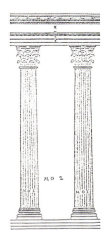

109

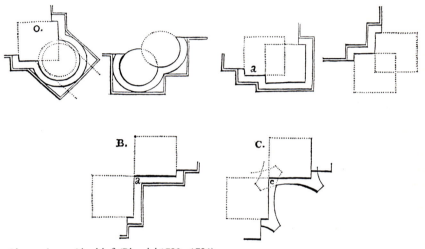

Akzentuierter Abschluß (Blondel 1752—1756)

Linke Seite:
Palazzo Chiericato, akzentuierter Abschluß (Palladio 1570)

Um den Begriff der Grenze deutlich klarzustellen, muß nach dem Kanon der klassischen Architektur das Endelement nicht nur einfach, sondern doppelt betont oder aber auf andere Weise besonders akzentuiert werden. Es bietet sich aber auch die Möglichkeit, die vorausgehende unbetonte Einheit zu erweitern, die akzentuierte Endeinheit zu „verzögern", und damit diesen Abschnitt zum Ende hin zu verlängern. Und schließlich ist auch das Gegenteil möglich, nämlich die Kombination einer Verkürzung der

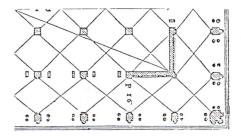

Beziehungen zwischen Säulen und mit Pilastern abschließenden Wänden (Palladio 1570)

unbetonten Einheit mit einer doppelten Akzentuierung des betonten Elements, ähnlich der berühmten Kadenz der *Basilika* von Palladio. Ebenso ist eine Anzahl anderer Strategien möglich: die Dicke der Ecksäule zu verstärken, die Säule zu verdoppeln, sie mit einem Pilaster zu kombinieren, die runde Säule durch einen quadratischen Pfeiler zu ersetzen oder das Endglied auf komplexere Art und Weise, als Pozzos komplizierte Kadenzen vermuten lassen, zu vervielfachen.

Es ergeben sich große Schwierigkeiten, wenn die metrischen Muster an den Termini in vertikaler Richtung widerspruchsfrei miteinander kombiniert werden müssen. Das wird besonders deutlich an der Behandlung der

113

Beispiel für einen akzentuierten Abschluß (Pozzo 1693–1700)

Beispiel für einen akzentuierten Abschluß (Pozzo 1693–1700)

Beispiel für einen akzentuierten Abschluß (Pozzo 1693—1700)

Beispiel für einen akzentuierten Abschluß (Pozzo 1693–1700)

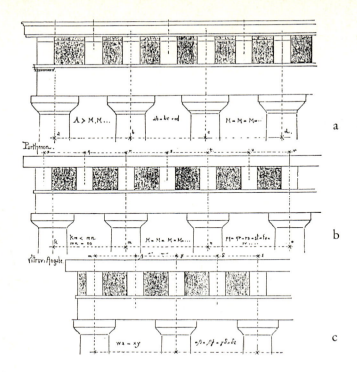

Ecke. Der dorische Modus mit seinen Säulen- und Triglyphenmustern stellt einen der ältesten Fälle dar. Die Schwierigkeiten ergeben sich aus der Unvereinbarkeit zwischen dem Schema, aufgrund dessen Triglyphe und Säule gezwungenermaßen genau übereinander auftreten, da sie beide betonte Elemente der kombinierten metrischen Muster sind, und dem Schema, aufgrund dessen das Gebäude mit den gleichen betonten Elementen zum Abschluß gebracht werden muß. Die Griechen der Antike versuchten, dieses Problem durch Verkürzung des End-Interkolumniums zu lösen und brachen damit das metrische Muster (Robertson, 1945, S. 106−111). Jahrhunderte nach der Plünderung Roms durch die Türken war Jacopo Sansovino immer noch damit beschäftigt, dieses Problem zu lösen (Howard, 1975). Kein Wunder, daß Vitruv aufgrund dieser Schwierigkeiten den dorischen Modus nicht empfohlen hat.

Man unterscheidet nicht nur architektonische Glieder nach betonten und unbetonten Elementen, sondern auch Gebäudeteile, die ebenfalls Akzen-

Linke Seite:
Vergleich des Abschlusses zwischen (a) dem Tempel des Zeus in Acragas und
(b) dem Parthenon sowie (c) der von Vitruv favorisierten Lösung (Durm 1882)

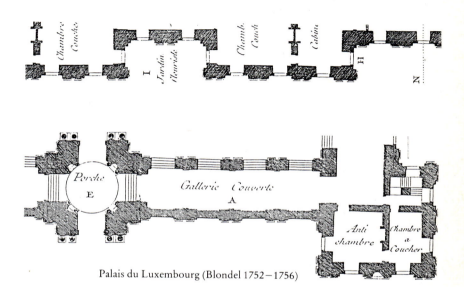

Palais du Luxembourg (Blondel 1752−1756)

tuierungsmuster darstellen können. Die Länge und Zusammensetzung
dieser Muster wird durch Regeln bestimmt, die wir weiter oben als Taxisschemata bezeichnet haben. Die Taxis, die als typischste Formel der klassischen Architektur gilt, beschreibt eine architektonische Komposition, die
aus fünf Teilen oder Phrasen besteht, von denen drei betont:

a   c   a

und zwei unbetont sind:

b b

In diesen Fällen bezeichnet das Anfangs- bzw. Endglied sowohl des
Anfangs- als auch des Endelements nicht nur die Grenzen des jeweiligen
Gebäudeteils, sondern auch die Komposition als ganze. Daher muß der
Art und Weise, in der die Betonung ausgeführt wird, besondere Beachtung
geschenkt werden.

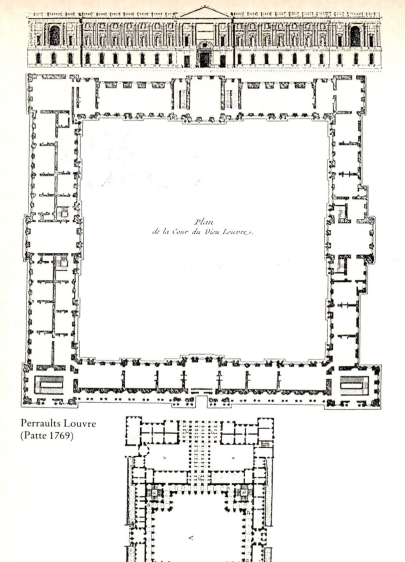

Plan
de la Cour du Vieu Louvre.

Perraults Louvre
(Patte 1769)

Sowohl die Endelemente als auch das Mittelelement der Formel A B C B A sind normalerweise betont, besonders bei größeren Gebäudekomplexen. Die Villen Palladios, Villalpandos Tempel des Salomon und der Louvre von Perrault sind gute Beispiele für dieses Muster.

Die Betonung eines Elementes geschieht durch bestimmte formale Eingriffe, die dieses Element als etwas Besonderes kennzeichnen. Üblicherweise wird das Volumen des betonten Elements nach vorne gerückt oder höher ausgebildet, oder es wird ihm ein Giebel oder ein Portikus zugeordnet. Diese Methode ist häufig von Palladio angewendet worden. In der Fassade des Louvre, zum Beispiel, hat Claude Perrault den Mittelteil durch einen Giebel und die Endteile durch das Einfügen eines Triumphbogenmotives hervorgehoben.

Normalerweise endet ein metrisches Muster ebenso mit einem betonten Element, wie auch die gesamte Komposition im Falle der Formel des Musters A B C B A mit einem betonten Element endet. Auf der anderen Seite ist der Mittelteil eines metrischen Musters meistens ein unbetontes Element, z.B. eine Tür oder ein Fenster, nicht aber eine Säule oder ein Pfeiler, und steht damit im Gegensatz zu der A B C B A Formel, deren Mittelteil betont ist. Es ist interessant festzustellen, daß die Gründe, die diesbezüglich in der klassischen Architekturliteratur gegeben werden, hauptsächlich anthropomorphen, nicht formalen Ursprungs sind. Vasari rechtfertigt zum Beispiel die Anordnung der Tür in der Mitte des unteren Teils der Fassade damit, daß im menschlichen Gesicht dort der Ort sei, wo sich der Mund befinde.

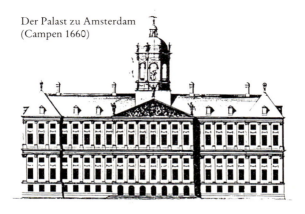

Der Palast zu Amsterdam
(Campen 1660)

Symmetrien, die komplexer und weniger offensichtlich sind als jene, die durch metrische Muster hervorgebracht werden, können durch architektonische Tropen, Schemata oder „Sprachfiguren", d.h. durch bestimmte kompositorische Konfigurationen entwickelt werden. Eine sehr häufig auftretende figurative Trope ist der *Parallelismus*. Man spricht von Parallelismus, wenn verschiedene Glieder eines Gebäudes — z.B. Öffnungen oder Räume — mit den gleichen Proportionen versehen und einander pa-

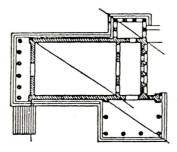

Parallelismus und Kontrast, Figurenbeispiele (Thiersch 1889)

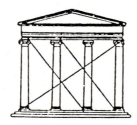

rallel zugeordnet werden. Dies wird durch die parallele Anordnung der Diagonalen dieser Figuren deutlich. A. Thiersch hat eine auf dieser Trope beruhende Theorie der klassischen Architektur entwickelt (1889). Von einer anderen Trope, dem *Kontrast*, spricht man, wenn die Diagonalen der Figuren dieser Glieder im rechten Winkel zueinander stehen. Der Parallelismus und der Kontrast sind grundlegende formale Schemata, Mittel, mit denen Elemente bzw. deren Glieder so zueinander in Beziehung gesetzt werden können, daß die Forderungen nach Widerspruchsfreiheit und Vollkommenheit eines Werkes erfüllt werden können.

 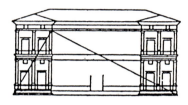

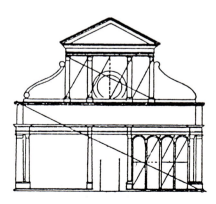

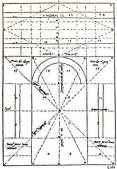

Regulierende Linien bei einem von Säulen und
Pediment umgebenen Portal (Colonna 1546)

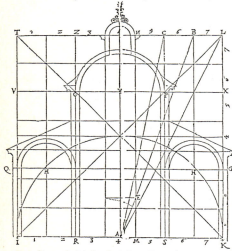

Regulierende Linien bei einer Fassade
(Delorme 1576)

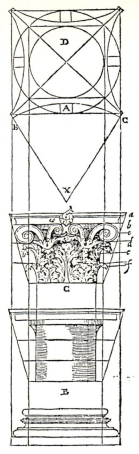

Regulierende Linien bei einer
korinthischen Säule (Serlio 1619)

Die Diagonale einer Figur spielt aber auch bezüglich der Wechselbeziehungen zwischen den architektonischen Teilen, Elementen oder Gliedern eine äußerst wichtige Rolle. Aus diesem Grunde werden diese Diagonalen auch mit der Bezeichnung „Regulierende" versehen. Es gibt für die „Regulierenden" eine Reihe unterschiedlicher Anwendungsmöglichkeiten, sowohl für geradlinige als auch für gebogene regulierende Linien. Durch sie

124

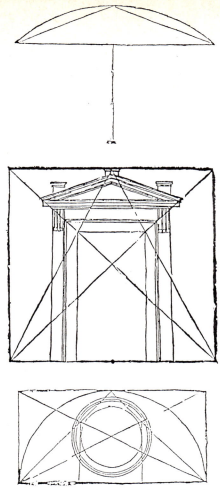

Regulierende Linien bei einer von einem Rahmen umgebenen Tür mit Pediment (Serlio 1619)

werden die Möglichkeiten bei der Plazierung architektonischer Glieder eingeschränkt, denn sie helfen bei der *Ausrichtung* der oberen und unteren Abschlußkanten bzw. ihrer Achsen. Martin, Serlio und De L'Orme entwickelten eine gerade Regulierende, die die äußeren Punkte des Profils eines korinthischen Kapitells einfluchtet. In dem Bemühen, Elemente eines Glieds auf unwidersprüchliche Art und Weise zueinander in Beziehung zu

Übereinanderstellung offenkundiger und subtiler Figuren der
Analogie, Ausrichtung, Unterbrechung, Abruptio, Wiederkehr
in der Fassade von Palladios San Giorgio Maggiore
(aus: Bertotti Scamozzi 1796)

setzen, entstehen aus komplizierten geometrischen Konstruktionen heraus
äußerst verwickelte regulierende Linien. Sie bestimmen den Verlauf der
Kymatia und die Entfaltung der Volute beim ionischen Kapitell.
Eine weitere Trope ist die *Analogie*. Durch sie treten zwei Teile, Elemente
oder Glieder eines Gebäudes miteinander in Beziehung, indem ihnen dasselbe Merkmal zugeordnet wird, und zwar trotz der Tatsache, daß diese
Teile, Elemente oder Glieder von ganz unterschiedlicher Art sind. So verwendet z.B. Pain ein Pediment beim Portikus und beim Hauptteil des Gebäudes. Auf ähnliche Weise kann ein Gesims oder ein Pfeiler mit einem
Dachgeschoß, einem Fenster, einem Postament und einem Altar verbunden sein, wobei alle drei in einer einzigen Fassade auftreten können.
Es existieren noch weitaus kompliziertere architektonische Tropen, die auf
einer offensichtlichen Billigung des Widerspruches und einem Bruch der
Kohärenz eines Werkes beruhen. In der Tat tragen diese örtlichen Ausnahmen − wenn auch nicht auf logische, so doch zumindest auf rhetorische

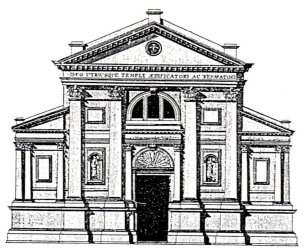

Übereinanderstellung offenkundiger und subtiler Figuren der
Analogie, Ausrichtung, Unterbrechung, Abruptio, Wiederkehr
in der Fassade von Palladios San Francesco della Vigna
(aus: Bertotti Scamozzi 1796)

Art und Weise — dazu bei, Widerspruchsfreiheit und Vollständigkeit her-
vorzuheben. „Groteske Ausnahmen" bezüglich des Kanons findet man
dort, wo betonte Einheiten Teile einer Komposition einleiten oder ab-
schließen. Beim Palazzo Chiericati schwächt Palladio durch eine Art *abruptio* die betonte Einheit, indem er die Endsäule der Seitenteile halbiert.
In einem anderen Fall, beim Maurits-Haus in Den Haag, wird, den Spielregeln zum Trotz, auf die letzten Einheiten hingewiesen, bevor man sich
auf die unbetonten Elemente bezieht, eine Situation, die wir mit dem aus
der klassischen Musik entliehenen traditionell so verwendeten Begriff der
„*weiblichen*" Kadenz bezeichnen können. Außerdem kann ein metrisches
Muster plötzlich durch die Einführung eines neuen Musters unterbrochen
werden — ein Phänomen, das in der Musik als *Aposiopese* bezeichnet wird
— wie es bei Palladios S. Francesco della Vigna der Fall ist und bei S. Giorgio Maggiore in Venedig, ebenfalls von Palladio. Komplizierte Figuren
entstehen auch durch *Fusion* bzw. *Unterdrückung* von Figuren, einen

Vorgang, den man in der Musik als *Takterstickung* bezeichnet. Das Endelement eines Musters wird mit dem ersten Element eines anderen Musters
verschmolzen. Der Architrav eines Pilasters wird zur Basis eines darüber
angeordneten Pilasters, wie es bei einer Villa in Pains *British Palladio* deutlich wird.

Das übliche Verfahren, in Fällen der Übereinanderstellung und beim
Wechsel vom rustizierenden zum korinthischen Genus die allmähliche
Modulation der Genera nicht zu berücksichtigen, könnte als eine mit Takt-
erstickung verbundene Version der abruptio angesehen werden.

Das *Oxymoron* ist eine Figur, die zwei anscheinend gegensätzliche Normen miteinander verbindet. Mehr noch als jede der bereits erwähnten Figuren offenbart es eine gezügelte Anomalie, eine Befreiung vom Druck der
disziplinierenden Regeln und eine Intensivierung zweier offensichtlich
widersprüchlicher Argumente in einem Argument von stillschweigender

Beispiel einer Takterstickung (Pain 1786)

Komplementarität. Im Falle der *Kolossalordnung* erstreckt sich eine korinthische Säule über mehr als eine Zone oder ein Geschoß. Auf diese Weise wird die schlankste zur dominantesten Ordnung. Dadurch wird der Eindruck einer Parade sonderbar männlich wirkender heranwachsender Mädchen bzw. sonderbar weiblich wirkender heranwachsender Jungen erzielt.

Die Fassade von Saint Sulpice. Beispiel einer Takterstickung (Blondel 1752–1756)

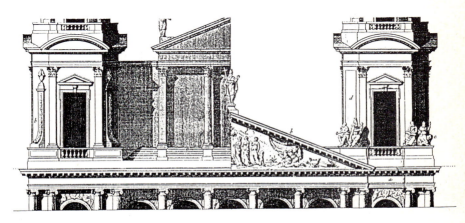

Dieses Ergebnis war zu einer Zeit, als die Unterschiede zwischen den Geschlechtern noch viel unantastbarer waren als heute, um so schockierender. Es ist interessant, daß diese Mischung aus aggressiven und weichen Merkmalen nur für fürstliche Paläste empfohlen wurde. Die Fassade des Palazzo Valmarana von Palladio ist ein Beispiel für den Kolossalmodus. Am Ende dieses Gebäudes, wo man das am stärksten betonte Glied erwarten würde, findet man statt dessen zwei übereinander angeordnete Elemente, eine Karyatide auf einer doppelten korinthischen Säule normaler Größe. Was die Karyatide anbelangt, so ist die Ordnung ein weiteres Mal auf den Kopf gestellt, und die Frauengestalt, oder doch zumindest die weibliche Figur, die man auf einer solch „femininen" Basis erwartet hätte, wird durch die Figur eines Kriegers ersetzt, wenngleich es sich auch um einen weiblichen Krieger, nämlich Minerva in Rüstung handelt. Tritt dieses Element zweimal in derselben Fassade auf, so sprechen wir von einem Oxymoron.

Das Oxymoron ist, ähnlich einer geistreichen Bemerkung oder einem Witz, die gezügelte Verletzung einer Norm, eine vorläufige Entlastung von einer Verpflichtung, die aber immer dahin führt, die Regel zu bekräftigen und die Kohärenz des Ganzen zu unterstützen. Es ist ein formaler Kunstgriff, den die Dichter seit dem Altertum geschätzt haben und der in der Musik Haydns und Mozarts triumphiert. Das Oxymoron scheint, ebenso wie die anderen architektonischen Tropen, die wir gerade betrachtet haben, die Idee des klassischen Gebäudes aufzulösen, indem es die getroffenen Übereinkünfte zunichte macht. Das Gegenteil jedoch ist der Fall. Es entsteht ein zweideutiger Moment, wenn sie anscheinend die komplizierten formalen Verkettungen des Klassischen durch die strukturelle Verlagerung eines Akzentes oder einer Unterteilung, durch ein unbetontes Endglied, das elliptische Motiv, das enthauptete Glied, oder die zersprengte rhythmische Gruppierung abwerfen. Im gleichen Augenblick aber gibt es eine Antwort — die Rechtfertigung, Aussöhnung und Wiedereinsetzung eines gestärkten Kanons.

Rechte Seite:
Oxymoron beim Palazzo Valmarama (Palladio 1570)

131

Rusconi (1590)

2 Anthologie

Architektonisches Skandieren

Der Umfang dieser Abhandlung schließt eine historische Betrachtung nicht mit ein. Es wurde kein Versuch unternommen, die verschiedenen Entwicklungsstadien der klassischen Architektur aufzuzeigen. Die nun folgende Anthologie ist ebenfalls nicht vom historischen Standpunkt aus geschrieben, obwohl ihr eine chronologische Gliederung zugrunde liegt.
Über den Nutzen einer Ausbildung in formaler Analyse und den Erwerb einer formal-architektonischen Bildung hinaus, mag einem das Lesen dieser Entwürfe und ihrer wohl bemessenen Erscheinungsformen durchaus Vergnügen bereiten. Wir fordern den Leser auf, die in diesem Buch enthaltenen Werke mit Papier und Bleistift so durchzugehen, als handle es sich um eine Übung im *Skandieren*. Der Ursprung dieses Begriffs liegt in der Dichtkunst. Er weist auf eine Methode hin, nach der sich Gedichte Versfuß um Versfuß untersuchen und ihre poetischen Rhythmen sich durch graphische Zeichen zum Zwecke der metrischen Analyse beschreiben lassen. In der Architektur verwenden wir diesen Begriff metaphorisch, um auf eine äußerst genaue Untersuchung eines anscheinend nahtlosen Gebäudeentwurfes hinzuweisen, eine Untersuchung, die das Ziel verfolgt, dessen morphologische Struktur zu erkennen, die darin eingeschlossenen Schemata zu bemerken und zu enthüllen und seine formale Qualität zu genießen.
Ebenso wie bei einem Gedicht oder einer musikalischen Phrase kann das Skandieren bei einem Gebäude zu einer Vielzahl von Interpretationen führen. Unter der Annahme, daß dieselben formalen Schemata wirksam sind und dieselbe Kenntnis der klassischen Architektur vorliegt, lassen sich viele analytische Musterdiagramme aus ein und demselben Grundriß herleiten. Der Vorgang des Sehens ist ebenso wie der des Lesens und des Hörens nicht weniger doppelsinnig als der Vorgang des Verstehens. Jeder Vorgang geht von denselben formalen Schemata aus. Die Doppelsinnigkeit ergibt

sich jedoch in allen Fällen, weil die Korrespondenz zwischen den formalen Schemata und den Grundrissen weder einfach noch deterministisch und auch kein geschlossenes deduktives System ist. Die offensichtliche Autonomie formaler Entscheidungen und die intolerante Welt fundamentalistischer formaler Abstraktion, die wir als analytische Hypothese, als methodologische Notwendigkeit akzeptiert haben, endet hier. Tatsächlich ist die Welt der Formen eng mit anderen Welten verzahnt: mit denen der Bedeutung, des Zwecks, des Interesses, der Lebensart, sowie der persönlichen und der gesellschaftlichen Sphäre. Diese Welten bestimmen die Wahl der formalen Muster. In theoretischen Untersuchungen, die die Repräsentation des Systems visueller Rahmen und formaler Schemata umfassen, kann man diese stillschweigende Isolation der Form aufrechterhalten. Sie läßt sich ebenso bis zu einem gewissen Grade im Bereich der formalen Spiele aufrechterhalten, aber sogar dort kann die Vorliebe für einen bestimmten Einschnitt, für eine bestimmte Betonung, für eine bestimmte Wiedergabe als das Resultat nichtformaler Normen auftreten.

Wenn wir auch, trotz unserer Kenntnis des klassischen Kanons und seiner Rahmen und Schemata, nicht die Fähigkeit erlangt haben, das jeweils einzig richtige Muster mit Sicherheit eindeutig zu identifizieren, so haben wir doch etwas erreicht — etwas, das wir in der Freude spüren, die uns das sich wiederholende formale Spiel des Erfassens und Verstehens, des Zeichnens und des Lesens klassischer Grundrisse und auch das Bemühen beim Skandieren der Werke dieser Anthologie bereitet.

Form erfaßt und versteht man durch die Rahmen und Schemata des Kanons, und in diesem Vorgang liegt ein besonderer Hedonismus. Man ist sich mehr darüber bewußt, was es heißt, sich in der Architektur auszukennen, und diese besondere Genugtuung ist das Ergebnis eines anderen Wissens, des Wissens von einer speziellen Domäne des Geistes und seinem Tätigsein.

Wie wir gesehen haben, beruht die klassische Architektur auf formalen Konventionen, die auf vollendete Weise wirksam sind, ohne ausdrücklich erläutert zu werden. Um in der Lage zu sein, klassische Architektur zu entwerfen oder zu begreifen, oder auch eine Sprache zu sprechen oder zu verstehen, muß man an einer kulturellen Tradition, einem gesellschaftlichen Universum teilhaben. Dies schließt die Aufnahme formaler Konventionen und das Einpassen dieser Konventionen in eine weitere geistige Rezeption mit ein. Im alltäglichen Leben sehen die Menschen keine klassisch formalen Rahmen und Schemata. Sie kommen einfach mit den Gebäuden in Berührung, mit Ereignissen, die zu den Gebäuden in Beziehung stehen, mit Repräsentationen von Gebäuden und Diskussionen über Gebäude. Nur langsam kristallisieren sich die Rahmen und Schemata heraus. Man kann klassische Gebäude gut entwerfen und begreifen; mit anderen Worten, man kann mit ihnen gesellschaftlich in Beziehung treten, man kann sie erfassen, sie betrachten und über sie reden, trotz der Tatsache, daß diese Rahmen und Schemata niemals erklärt worden sind. Sie sind stillschweigend zu Teilen des betrachteten Gebäudes geworden. Diesen Gebäuden inhärenten Kanon zum Vorschein zu bringen, ist keine leichte Aufgabe. Um mit der Definition des klassischen Kanons zu beginnen: Wenn man auf die vielen Einzelheiten eingeht, dann hat er einige Lesarten und Revisionen über sich ergehen lassen müssen. Die Vorstellung vom klassischen Kanon als etwas „Gefrorenem" und Monolithischem ist eine Abstraktion, nach der viele gestrebt haben, die aber immer schwer faßbar geblieben ist. Der Kanon hat in der Vorstellung des Entwerfers ebenso wie in derjenigen des Betrachters von Architektur viele sich ständig ändernde und vom Kontext der klassischen Architektur, der jeweils in Betracht gezogen wird, abhängige Charakteristika. Das formale System der klassischen Architektur ist seit jeher ein Gebiet mit undeutlichen Grenzen gewesen; der klassische Kanon ist, wie jede andere gesellschaftliche Konvention auch, immer wieder modifiziert worden. Das Gebäude ist Ausdruck dieses sich weiter entwickelnden Kanons, den es bestätigt; es ist gleichzeitig Produkt und Schöpfer des Kanons. „Die bestehenden Monumente", schrieb T.S. Eliot in *Traditions and Individual Talent*, „bilden untereinander eine ideale Ordnung", die durch die Einführung des neuen Werks — das wir entschlossenermaßen in den gleichen Kanon einbeziehen — modifiziert wird. „Die bestehende Ordnung", fährt Eliot fort, „ist vollkommen, bevor das neue Werk entsteht; damit die Ordnung nach dem Auftreten der Neuerung fortbesteht, muß die *ganze* bestehende Ordnung, wenn auch äußerst geringfügig, geändert werden." Wie beim Schiff des Theseus gibt es einen ständigen Austausch der Teile. Dennoch, ebenso wie bei diesem, bleibt die Identität des Ganzen bei der Suche nach einem Werk, das eine Welt ohne Widerspruch darstellt und durch architektonische Mittel zur Ausführung gebracht wird, gewahrt.

Zur Poetik der klassischen Architektur gehört eine Werkeanthologie, sie ist unentbehrlich. Um diese Anthologie als angemessenes Komplement zur formalen Analyse verwenden zu können, darf man nicht vergessen, daß die Beziehung zwischen den Entwürfen wichtiger ist als die Form eines einzelnen Entwurfs. Aus diesem Grunde ist das Studium einer Reihe von Entwürfen aufschlußreicher als das eines einzelnen Entwurfs. Dementsprechend haben wir, wann immer es möglich war, solche Reihen zusammengestellt und dabei versucht, die Integrität des Werkes eines jeden Autors zu wahren.

Cataneos Entwürfe müssen als die einer Serie verstanden werden, und man muß der Art und Weise, in der er die vielen einfachen Mutterformeln der Taxis zusammenstellt, ebensogroße Aufmerksamkeit schenken wie der Art und Weise, in der diese Mutterformeln beim Zusammenstellen umgestaltet, wie einzelne Teile miteinander verschmolzen bzw. voneinander getrennt werden. Dann sollte man dies mit der Entwurfsreihe, die aufgrund ähnlicher Transformationen von Durand entwickelt wurde, in Zusammenhang bringen. Lassen sich daraus irgendwelche neuen Schlüsse ziehen?

Serlios Entwürfe, seine Beispiele für Mischformen aus rechtwinkligen und kreisförmigen Rasterschemata und seine *Ars Combinatoria* haben wir bereits diskutiert. Diese Kombinationsmöglichkeiten lassen sich mit denjenigen in Beziehung setzen, die in der Du Cerceau-Serie dargestellt werden; bei letzterer werden individuelle Einheiten, die selbst, hauptsächlich durch Unterdrückung von Teilen, von der Mutterformel Cesarianos abgeleitet worden sind, neu zusammengestellt und um eine Achse gedreht, so daß eine andere Art von Mischform entsteht.

Man kann nun die Methode, nach der Serlio seine Mischformen entwickelt, mit denen von Du Cerceau, Ledoux und Peyre vergleichen. Entsteht hier ein kontrastierendes Motiv? Es könnte interessant sein, in der Grundrißserie von Ledoux die Verkettungen der Muster vom räumlichen Motiv hin zur räumlichen Phrase, und von der Phrase zum Satz und zum Schnitt zu identifizieren, und dann jene großvolumigen Fälle zu untersuchen, bei denen Cesarianos Mutterformel angewendet worden ist, z.B. Villalpandos Tempel des Salomon, die Entwürfe des Escorial und des Louvre, oder sogar Versailles. Kommt hier ein Verkettungsmuster zustande? Wie lassen sich das Symmetrieschema des Abschlusses, die Überlagerung, die rhythmischen Muster auf die Palastfassaden Perciers und Fontaines anwenden? Kann man aus diesen Beispielen allgemeine Schlüsse über die Handhabung von Form ziehen?

Dies sind sicherlich nur sehr wenige elementare Übungen, um zwischen der Diskussion des ersten Teiles und den Grundrissen des zweiten Teiles eine Verbindung herzustellen. Der Liebhaber der klassischen Architektur sollte die Übung fortsetzen und die drei Rahmen der formalen Komposition zusammen betrachten, um herauszufinden, wie sie einander unterstützen bzw. wie sie jeweils ineinander enthalten sind, aber auch um einen größeren Überblick über die Elemente des klassischen Kanons und dessen

Wirkung als integriertes System zu bekommen. Man sollte nach Konflikten, Ausnahmen und Doppelsinnigkeiten suchen. Werden sie durch das System erläutert? Werden sie durch das System gerechtfertigt? Handelt es sich um einen Mangel des Systems oder des Beispiels, oder sollte man diesen Punkt einfach tolerieren und sich einem anderen Problem zuwenden? Das Lesen dieser Anthologie und die Ermittlung jener Quantitäten, Gewichtungen und Intervalle, Unterschiede und Ähnlichkeiten, durch die sich Taxis, Genera und Symmetrie offenbaren, bedeutet, besondere Beispiele eines sich entwickelnden Kanons und Anzeichen für eine andauernde Suche nach Geordnetheit wahrzunehmen. Es bedeutet weiterhin, die klassische Architektur als eine Denkweise allgemeiner formaler Rahmen und Schemata zu verstehen, nicht so sehr einzelner Konfigurationen. Und schließlich bedeutet es auch, sowohl über den Geist als auch über die Gesellschaft nachzudenken. Mit letzterem wollen wir uns im nächsten Kapitel beschäftigen.

Gibbs (1728)

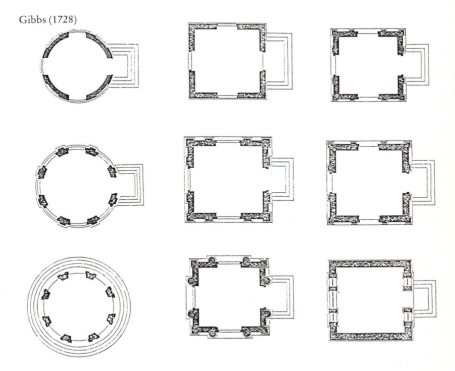

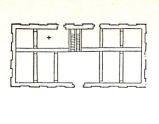

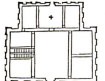

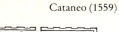

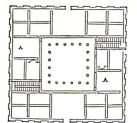

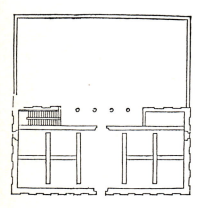

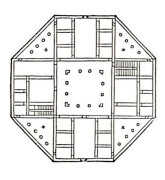

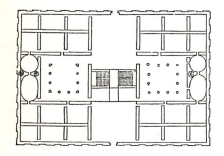

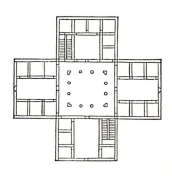

138

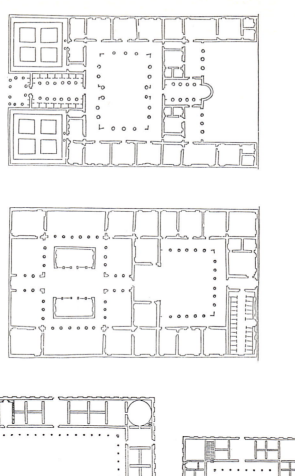

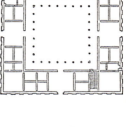

139

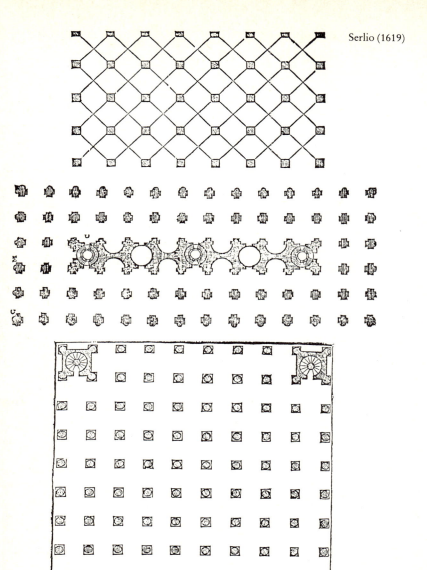

Serlio (1619)

140

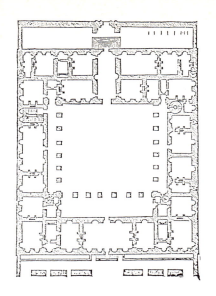

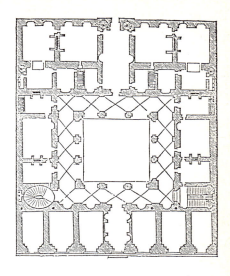

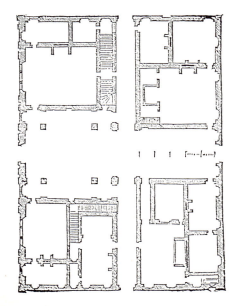

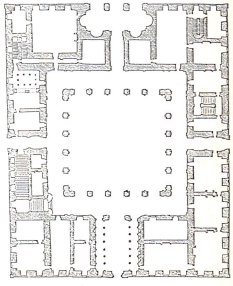

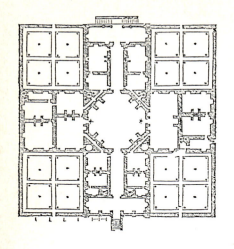

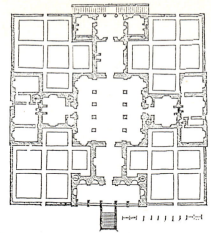

Serlio (1619)

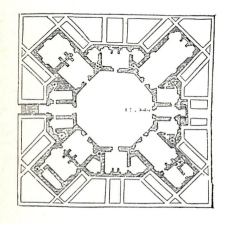

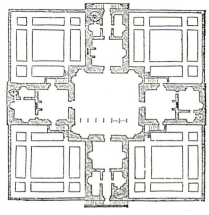

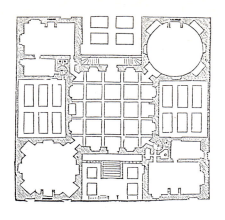

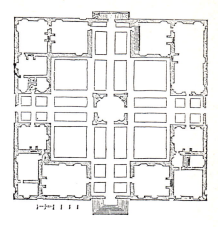

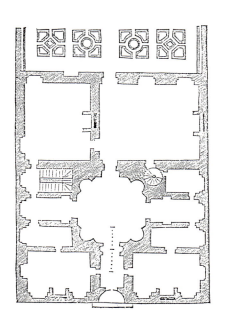

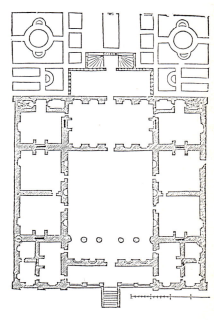

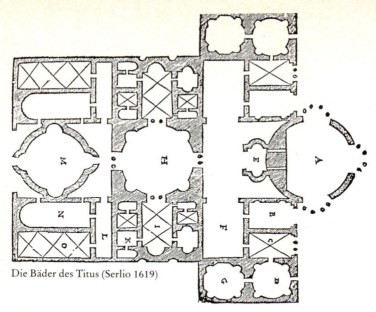

Die Bäder des Titus (Serlio 1619)

Bramantes St. Peter (Serlio 1619)

144

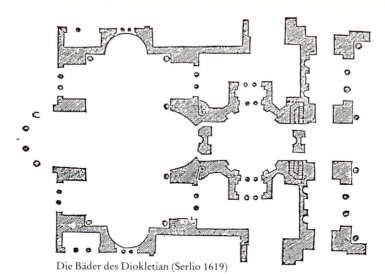

Die Bäder des Diokletian (Serlio 1619)

Bramantes San Pietro in Montorio (Serlio 1619)

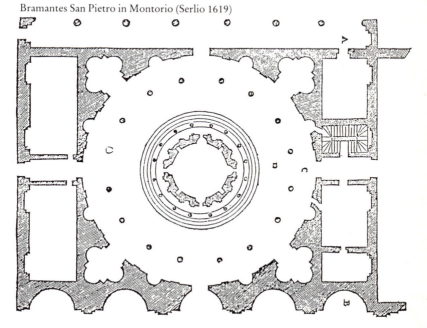

145

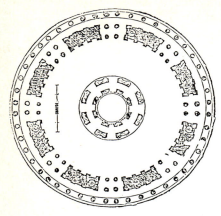

Bramantes St. Peter (Serlio 1619)

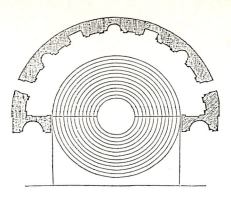

Das Belvedere des Vatikan (Serlio 1619)

Beispiel für einen runden Tempel (Serlio 1619)

Tempel des Bacchus (Serlio 1619)

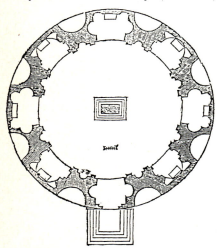

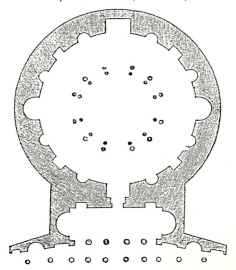

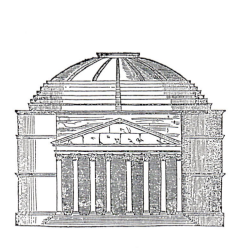

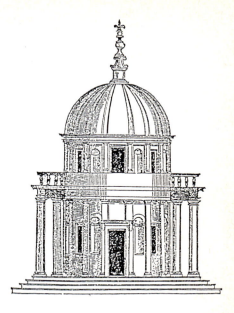

Bramantes Tempietto, Fassade und Grundriß
(Serlio 1619)

Das Pantheon in Rom, Fassade und Grundriß
(Serlio 1619)

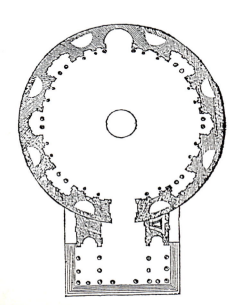

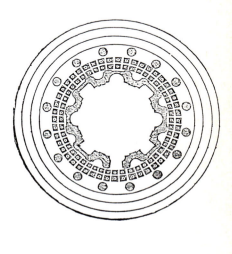

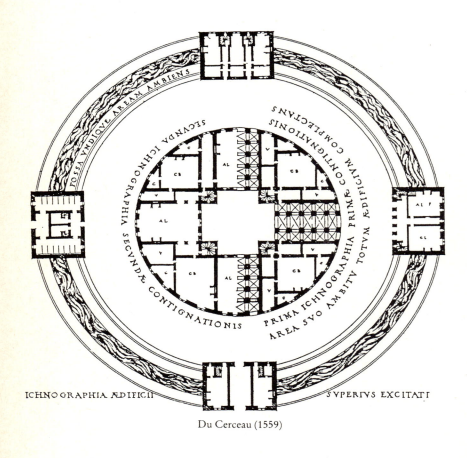

Du Cerceau (1559)

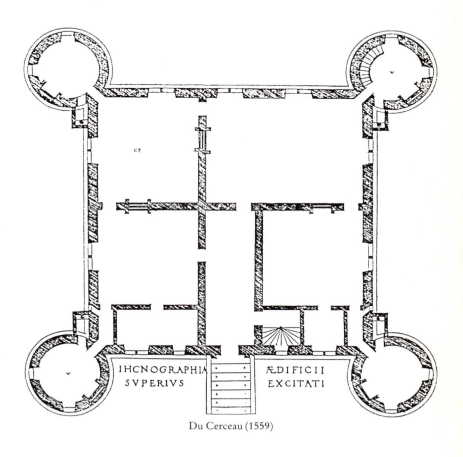

IHCNOGRAPHIA ÆDIFICII
SVPERIVS EXCITATI

Du Cerceau (1559)

149

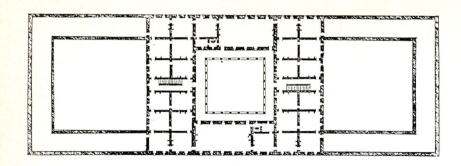

Du Cerceau (1559)

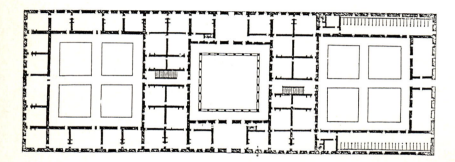

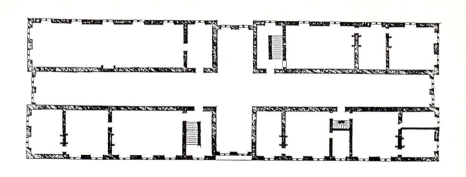

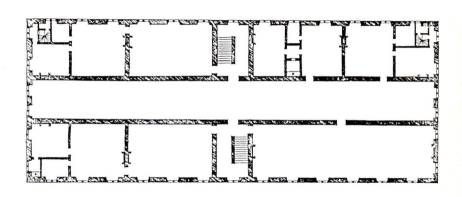

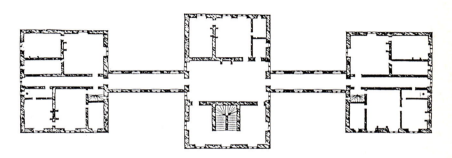

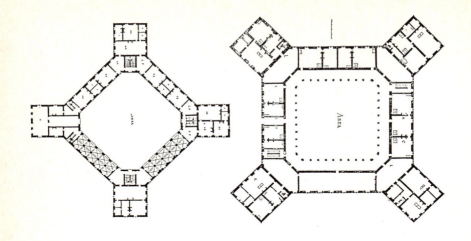

Du Cerceau (1559)

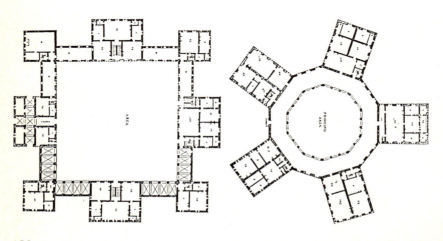

152

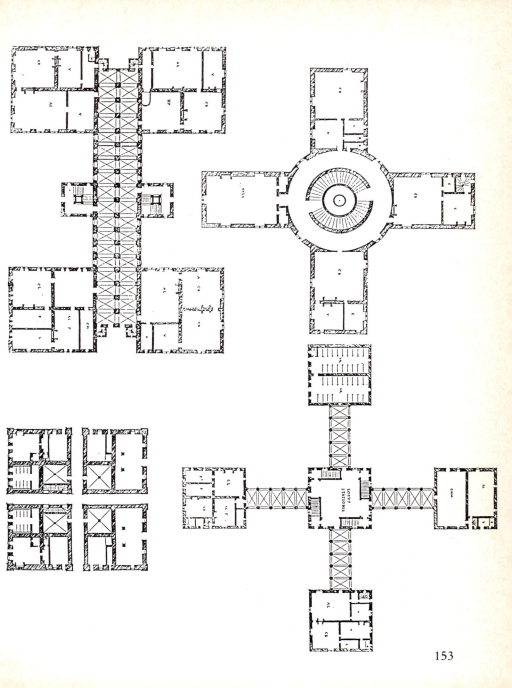

Du Cerceau (1559)

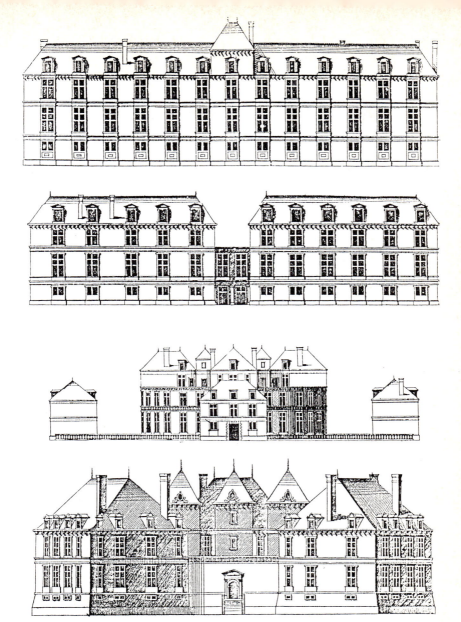

Palladio 1570 (Seiten 156–161)

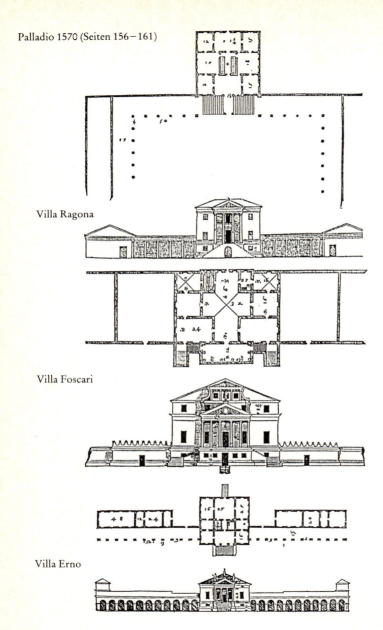

Villa Ragona

Villa Foscari

Villa Erno

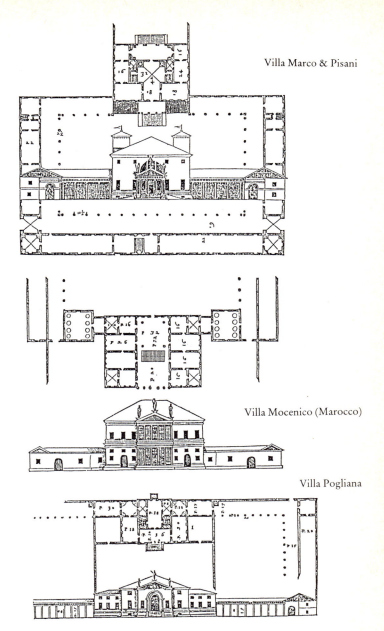

Villa Marco & Pisani

Villa Mocenico (Marocco)

Villa Pogliana

157

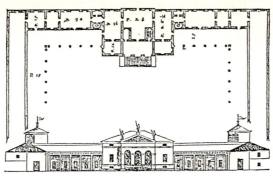

Villa Sarraceno

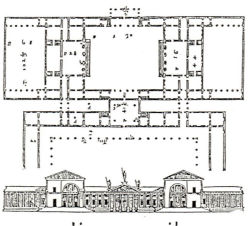

Villa Thiene

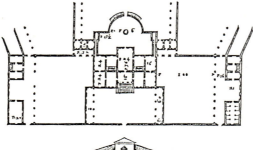

Villa Godi

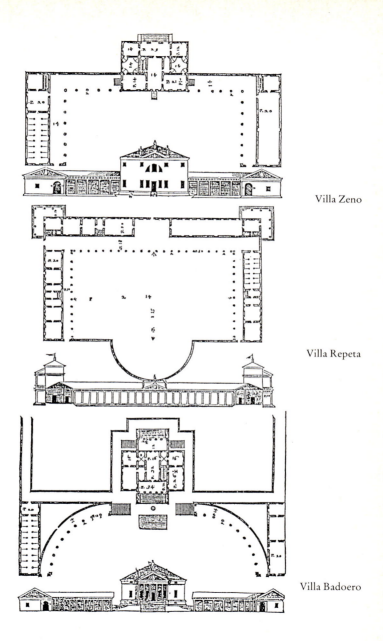

Villa Zeno

Villa Repeta

Villa Badoero

159

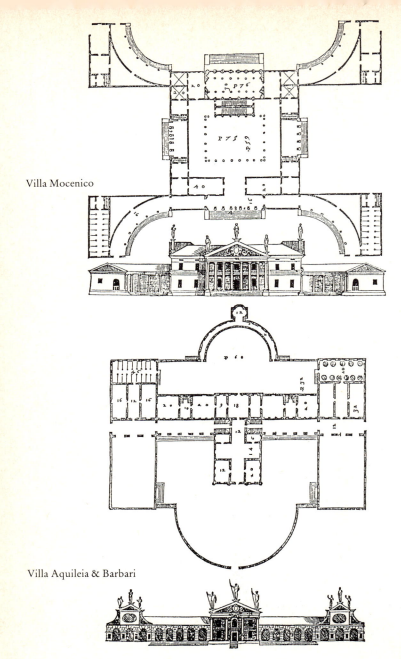

Villa Mocenico

Villa Aquileia & Barbari

160

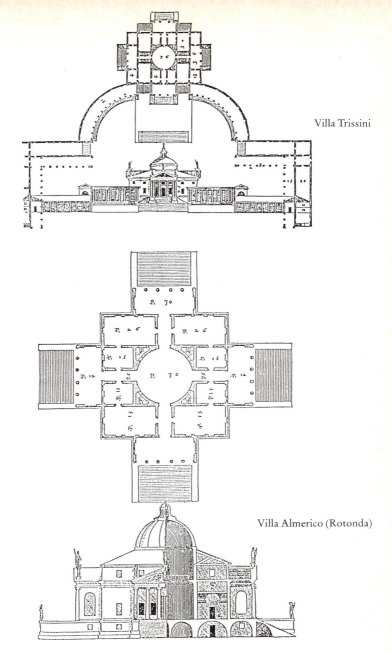

Villa Trissini

Villa Almerico (Rotonda)

161

Fassade des Tempels des Salomon (Villalpando 1596)

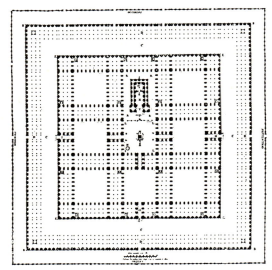

Grundriß des Tempels des Salomon (Villalpando 1596)

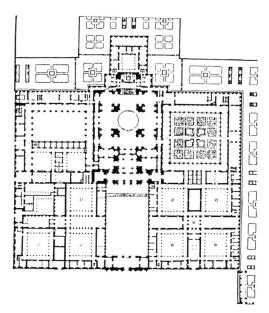

Fassade und Grundriß des Escorial (Villalpando 1596)

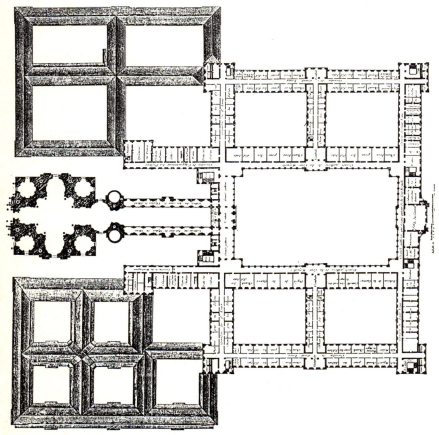

Hôtel Royal des Invalides (Blondel 1752–1756)

164

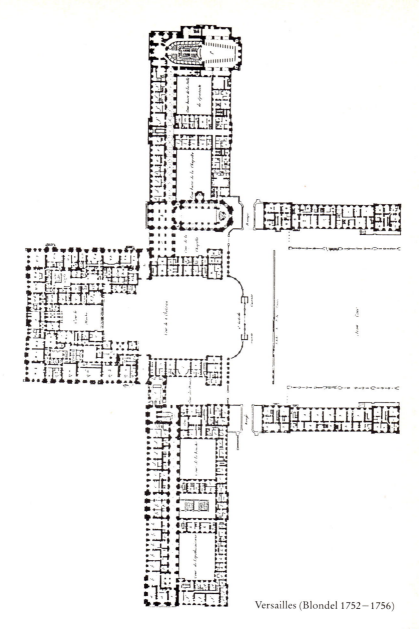

Versailles (Blondel 1752—1756)

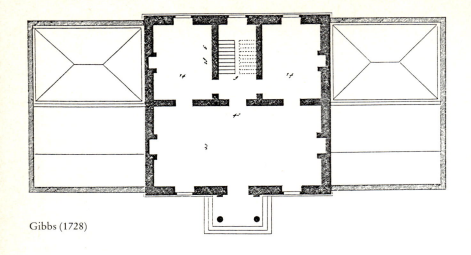

Gibbs (1728)

Morris (1750)

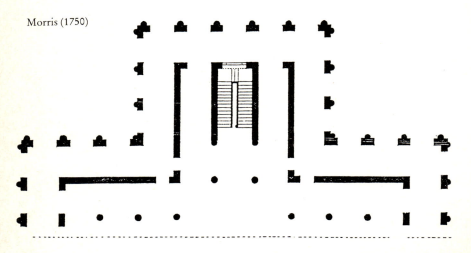

166

Lafever (1833)

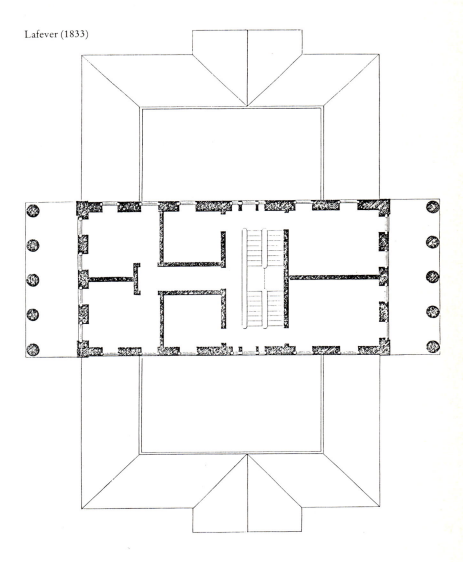

Hôtel des M. Croisat, Place-Vendôme, Paris (Blondel 1752–1756)

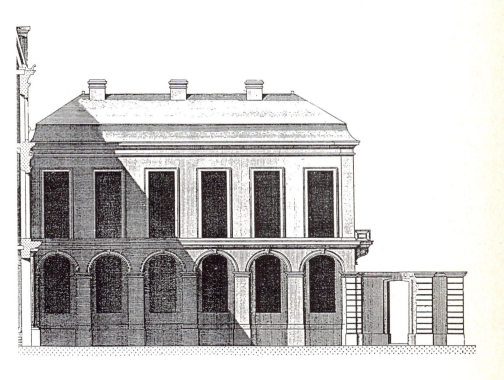

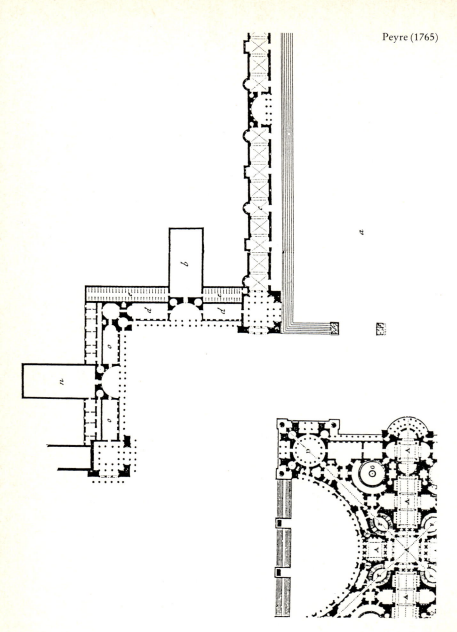

Peyre (1765)

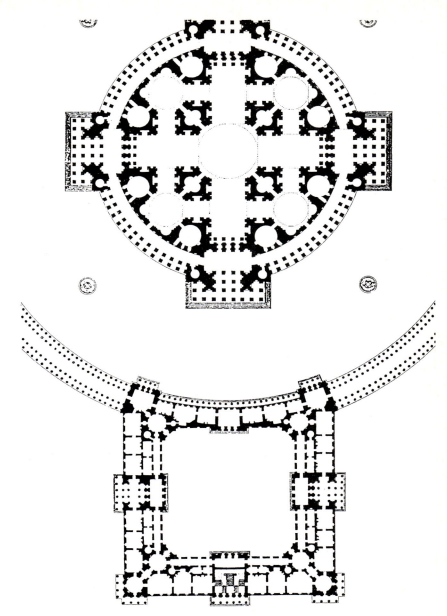

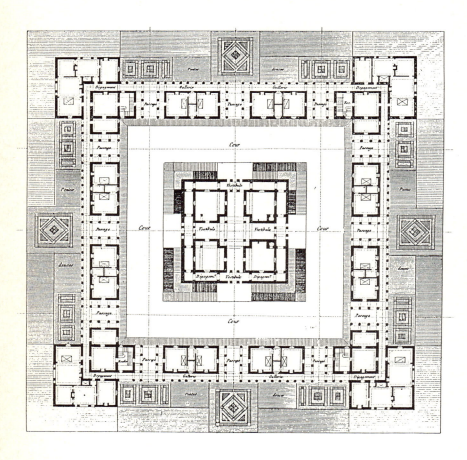

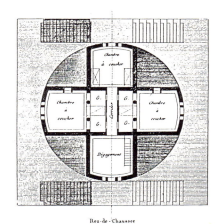

Rez-de-Chaussée

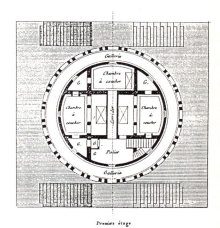

Premier étage

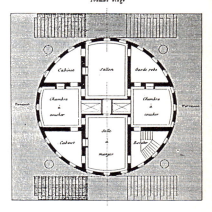

Ledoux (1804)

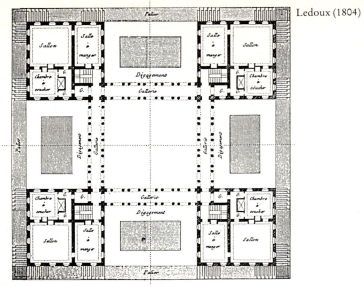

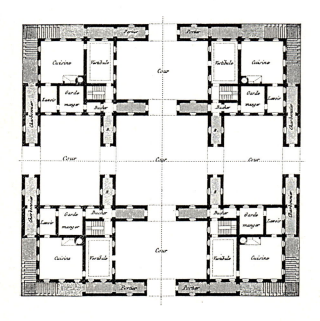

174

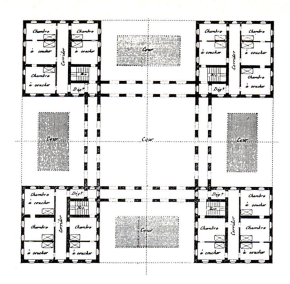

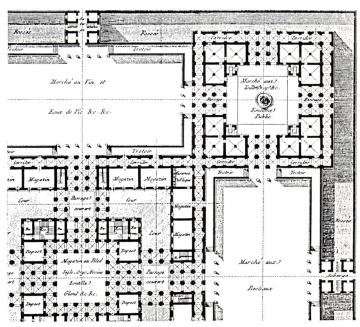

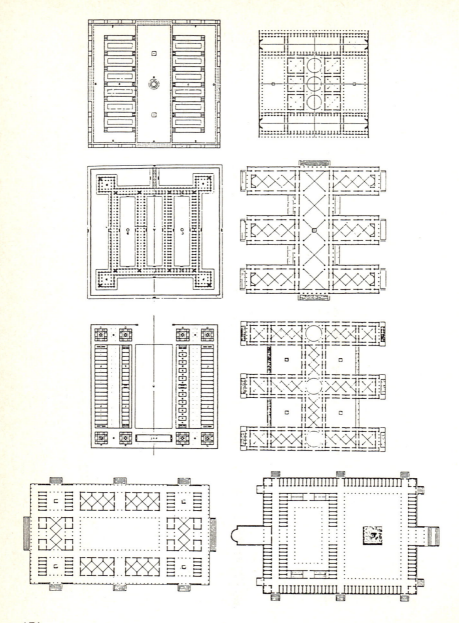

Durand (1802—1805)

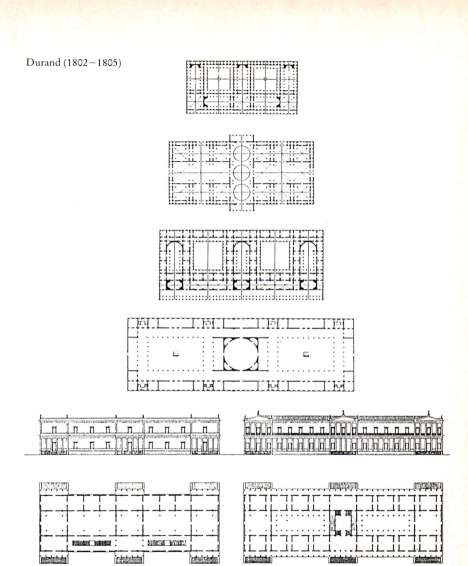

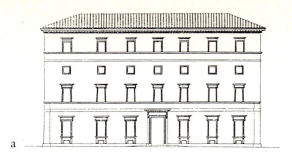

a

Percier und Fontaine 1798 (a) Palazzo Sachetti (b) Collegio della Sapienza (c) Palazzo Ruspoli (d) Palais Giraud (e) Palazzo Farnese (f) Päpstlicher Palast auf dem Monte Cavallo

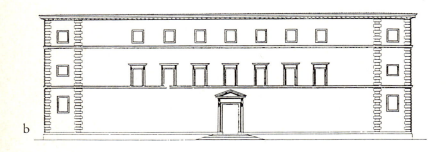

b

c

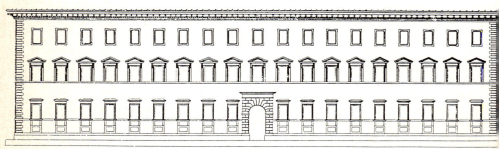

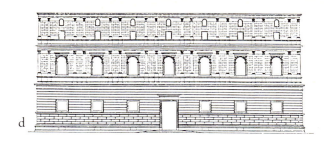

d

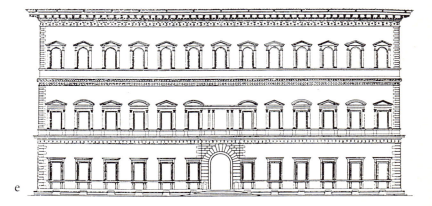

e

f

179

Krafft und Ransonnette (1801)

Parataxis,
die architektonische Parade

Eine der unwiderstehlichsten klassischen Erfindungen ist die *Parataxis*.
Parataxis ist ein Begriff aus dem Griechischen, der eine bestimmte Art der
Taxis beschreibt. Tatsächlich ist die Parataxis eine räumliche Formel im
Sinne derjenigen Cesarianos, die die Anordnung formaler Einheiten nebeneinander beschreibt. Aber obwohl es sich um eine koordinierte Anordnung der Einheiten handelt, legt sie die kompositorischen Bezüge zwischen ihnen dennoch nicht vollständig fest. Jede der Einheiten ist weder
abhängig noch unabhängig von den anderen: Zusammen bilden sie ein li-
neares, kumulatives Ganzes mit klar definierten oberen und unteren Begrenzungen, ohne jedoch die seitlichen Begrenzungen näher festzulegen.
Der Begriff Parataxis wurde ursprünglich auf militärische Truppen angewendet, die sich während einer Feierlichkeit, einer Prozession oder Parade
zur Schau stellten, und die räumliche Formel beschreibt immer noch diese
räumliche Anordnung. Wir können den Begriff „architektonische Parade"
metaphorisch anwenden, um auf eine solche Anordnung, die man
üblicherweise in klassischen Straßen oder Plätzen, gelegentlich auch bei
langgestreckten Zweckbauten des 19. Jahrhunderts antrifft, hinzuweisen.
Die Parataxis entwickelt sich aus der Nebeneinanderstellung individueller
Stadthäuser. Sie wird durch das Zusammenkommen metrischer Muster er-
zeugt, die wiederum durch exakt ausgerichtete Häuserfronten unter der
Bedingung geschaffen werden, daß hinsichtlich der Einteilung der Einheiten einer Reihe eine Verwandtschaft besteht, die horizontale Kontinuität
bzw. modulare Wechselbeziehungen gestattet. Was die Ausbildung einer
solchen kumulativen Wirkung betrifft, so ist die Fassade einer jeden Einheit dann am erfolgreichsten, wenn die metrischen Muster kurz und einfach sind und der Einheit als solcher nicht die Form einer eigenständigen,
integrierten Komposition geben. Daher können mit einem Akzent ver-
sehene Enden einer Einheit ebenso einen negativen Effekt haben wie die
betonte zentrale Plazierung eines Eingangs, insbesondere wenn jener zusätzlich durch einen Portikus verstärkt und mit einem spiegelbildlich sym-
metrischen Ganzen, wie z.B. einem Pediment, verbunden ist. Wenn die
Fassade einer Einheit dagegen zu fragmentiert ist, dann ist sowohl die

Entwicklung eines kumulativen Musters als auch die Herausbildung der Parataxis gleichermaßen schwierig.

Bezüglich der Anzahl der Einheiten gibt es keine Einschränkungen. Ganz im Gegenteil; es gibt Straßenmuster, bei denen der Block als eigenständige Einheit und die Eckelemente als Anfangs- bzw. Endelemente einer klassischen Gebäudekomposition behandelt werden. Das ist aber nicht immer der Fall. Die Dreihebigkeit ist ein nicht unbedingt notwendiges Schema der klassischen Parataxis. Ebenso wie die sogenannte freie Versform in der Dichtkunst bezieht dieses Muster seine Kohärenz von einer scheinbaren metrischen Einheit, die, wenn sie sorgfältig gemessen wird, weit von der Regelmäßigkeit einer periodischen Verteilung betonter und unbetonter Elemente entfernt ist.

Ebenso aber wie in der freien Versform ist der Effekt der bei diesen Straßenmustern auftretenden metrischen Anomalien gering. Die Parataxis ist freizügiger und toleranter als alle anderen formalen Schemata des Klassischen. Anomalien werden als Episoden behandelt, deren Rechtfertigung in der Schwebe bleibt. Die fortdauernde Entwicklung metrischer Themen und architektonischer Phrasen bedeutet, daß irgendwo in der nächsten Gruppe von Einheiten ein entgegengesetzt wirkendes Muster, ein Thema oder eine Phrase auftreten wird, die auf die Inkongruenz reagieren und sie schließlich erklären und zulassen wird. Aber der Strom der metrischen Muster macht jedwede schlechte Wahl zunichte, die sich ihm in den Weg stellt, und schafft eine neue ungelöste formale Situation, während er gleichzeitig neue Hoffnung auf Rechtfertigung mit sich bringt. Solche Ketten architektonischer Themen führen nicht zu kohärenten, „geschlossenen" Kompositionen. Die *Parataxis* bezeichnet nur die Reihenfolge, das Plazieren eines Objekts neben dem anderen. Das Resultat befindet sich zwischen einer alles umfassenden Komposition, in der die Welt der klassischen Architektur regiert, und einer „offenen", frei gestalteten Landschaft, die allmählich auf die Unordnung zusteuert.

Die langsame Entwicklung aus dem Altertum ererbter architektonischer Materialien zu einem formalen Kanon ist mehrere Male mit der Entwicklung eines Vokabulars, einer Grammatik und einer Architektursyntax in Verbindung gebracht worden. Diese Analogie ist besonders reizvoll, wenn man eine klassische Straße hinunter schaut, in zahlreiche Stadthäuser in sich verändernden Erscheinungsformen und wechselnden Rhythmen kultiviert miteinander in Beziehung stehen, als seien sie Personen, die sich aufgrund protokollarischer, offizieller Regeln verhielten oder in ein höfliches, mit Nettigkeiten angereichertes Gespräch vertieft sind. Ähnlich einer

Kette von Wörtern in einer Unterhaltung gibt es hier ebenfalls sowohl „Unfälle" und endlose „Varietät" als auch „vorhersagbare Wiederholungen" und Formulierungen, die aus Höflichkeit mitten in eine Erörterung oder eine Informationsübermittlung eingefügt werden. Dieses wunderbare Universum wird nur durch eine unterschwellige normative Einrichtung ermöglicht, die den Eintritt der Elemente in ein Gespräch bzw. deren Verknüpfung untereinander kontrolliert. In der Architektur heißt diese Kontrolleinrichtung Parataxis.

Die Analogie zwischen Architektur und einer Unterhaltung ist verführerisch, sie kann aber auch, hinsichtlich der Funktion klassischer Gebäude als Träger von Information und sozialer Konvention und hinsichtlich der Frage, welche generativen Regeln für die Fähigkeit eines Gebäudes, „sich mitzuteilen" bzw. „sich sozial zu verhalten", verantwortlich sind, herabsetzend und irreführend sein.

Wie wir bereits weiter oben ausgeführt haben, beschreibt das *Decorum* die passende bzw. glücklich gewählte Beziehung zwischen den Genera einerseits und einer Gottheit, dem Adel, den verwandtschaftlichen Bindungen, der beruflichen Vereinigung, dem gesellschaftlichen Stand, gelegentlich dem ethnischen Ursprung und schließlich dem wirtschaftlichen Rang andererseits. In diesem Kontext entwickelt sich während der Renaissance eine komplizierte Ikonographie mit skulpturhaften Allegorien, Emblemen und Wahlsprüchen. Bei Kompositionen größerer städtischer Gebilde reagieren diese ikonographischen Elemente in ähnlicher Weise auf pragmatische Anforderungen hinsichtlich der Botschaft, die eine Fassade vermitteln soll, wie es auch die menschliche Kleidung tut, die in einer solchen öffentlichen Umgebung getragen wird. Trotz dieser Anwendung können wir nicht in dem Sinne von einer figürlichen Grammatik bzw. Syntax der Architektur sprechen, in dem sie in einer Sprache Anwendung finden. Solche Begriffe stiften mehr Verwirrung, als daß sie die klassische Architektur als kulturelles, soziales Phänomen erklärten. Es müssen neue Kategorien entwickelt werden, die zusammen mit formalen Kategorien einen Bezug zu den sozialen Zwecken der Architektur herstellen. In diesem Falle ist die Rhetorik von äußerster Wichtigkeit, nicht die Grammatik oder die Syntax. Wir finden die Logik über die Legitimation der Macht durch kulturelle Objekte bei Aristoteles, Cicero, Quintilian und Longinus. Die *Topoi* der Beredsamkeit müssen untersucht werden. Suggestion, Auschmückung, Metapher und Analogie stehen uns als wirksame Mittel der Überredungskunst und schließlich der sozialen Kontrolle zur Verfügung.

Auf die Gefahr hin, als umweltbezogene Deterministen angeklagt zu werden, möchten wir darauf hinweisen, daß die Kohärenz der *Parataxis* sowohl die Menschen als auch die formalen Muster vereint hat. Aber die soziale Einheit war noch mehr als die formale Einheit begrenzt. Diejenigen, die Mitglieder eines Standes oder einer Klasse waren, wurden durch Konventionen in klar definierte Gruppen bzw. Positionen gedrängt, und von denen isoliert, die keine Mitglieder dieses Standes oder dieser Klasse waren. Ging man während des 18. Jahrhunderts eine Straße mit klassischen Fassaden entlang, so war es, als zeigten sich die Muster des gesellschaftlichen Registers, oder sogar als lese man eine Abhandlung über die Status- und Machtstruktur der damaligen Gesellschaft. Es handelte sich um einen Mechanismus, mit dem sich Konflikte lösen ließen, aber dieses Mittel war machtlos, als es darum ging, den aufkommenden Sturm gegen Ende des Ancien Régime aufzuhalten.

Die hedonistische Antwort auf öffentliche Plätze, deren Gestalt zunächst aufgrund der Formeln der Parataxis zustande gekommen und schließlich durch die *Topoi* der Beredsamkeit und die Rhetorik der Einflußnahme ausgeschmückt worden war, ist keine von der Natur vorgegebene Reaktion auf die Form, sondern eine erworbene, gesellschaftlich festgesetzte Wechselwirkung. Das Festhalten an bestimmten formalen Mustern ist in der Tat nichts anderes als die Bestätigung einer gewissen gesellschaftlichen Konformität. Claude Perrault wies darauf hin, daß architektonische Schönheit „willkürlich" sei, daß Entwurfsregeln die etablierte Machtstruktur reflektieren und sich schließlich selbst legitimieren. Unter diesen Umständen kann der passive, unreflektierte Konsum dieser architektonischen Paraden, jener Glanzstücke der Parataxis in bezug auf Straßen- und Platzkomposition, eine Form der Unterwerfung sein.

Deswegen ist es keineswegs ein Widerspruch, daß die Reaktionen auf diese klassischen öffentlichen Plätze und auf das, was, aufgrund seiner zellenartig kumulativen Form, als städtisches Gefüge bezeichnet wurde, unterschiedlich ausfielen. Es gab Zeiten höchster Anerkennung, und es gab Momente heftigsten Widerstands. Die klassische Parade ist nicht nur als allgemeingültige, rationale Einrichtung, sondern auch als leeres, repressives Dogma aufgetreten. Es gab Zeiten, da schien die klassische Architektur unerschöpfliche Grenzen zu erschließen, wie zur Zeit ihrer Rezeption während der Renaissance in Frankreich, oder auch während der Ausbreitung des Palladianismus im England des 18. Jahrhunderts. Es war Aufgabe des Architekten, ein System zu entwickeln und auszuarbeiten, dessen Grundlagen unerschütterlich erscheinen würden, ohne sich jemals vollständig zu offenbaren. Es gab Zeiten, als alle Schichten der Gesellschaft sich auszuführen gezwungen sahen, was sie als Programm der klassischen Architektur betrachteten, wie es in Frankreich zur Zeit des *Directoire* und des *Empire*, in Neuengland zu Beginn des 19. Jahrhundert und im späteren 19. Jahrhundert in Griechenland der Fall war. Nicht nur bei den größeren Gebäuden, sondern auch bei äußerst bescheidenen Häusern und Hütten war jedes architektonische Element zwischen Dachabschluß und Plinthe entworfen, jede Fassade schloß mit einem Kranzgesims ab, jedes Plazieren eines Fensters folgte einer stillen Prosodie. Aber es gab auch Zeiten massiver Unzufriedenheit, Zeiten, in denen man hauptsächlich mit Widersprüchen und Anomalien beschäftigt war – kurz, mit allem, das die Machtlosigkeit des Klassischen bzw. die auf ihn zurückzuführende Unterdrückung offenbarte.

Und dann gab es auch zähen, unnachgiebigen Widerspruch, als z.B. der klassische Kanon während des 18. und 19. Jahrhunderts von regionalistischen und nationalistischen Bewegungen angegriffen wurde.

Diese Themenbereiche führen uns von den formalen Aspekten der Poetik der klassischen Architektur zu den sozialen Absichten der architektonischen Ikone, dem Pragmatismus des Konflikts und der Poetik der Katharsis.

Krafft und Ransonnette (1801)

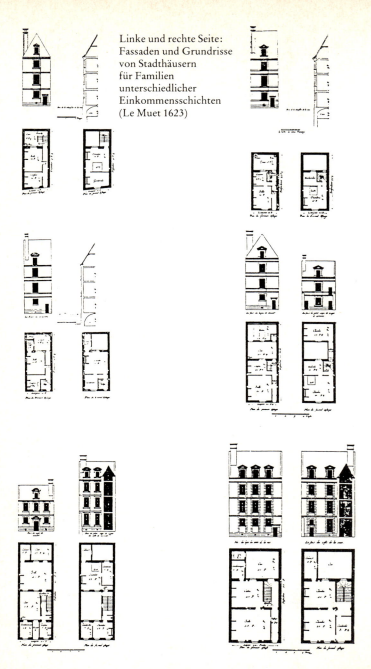

Linke und rechte Seite:
Fassaden und Grundrisse
von Stadthäusern
für Familien
unterschiedlicher
Einkommensschichten
(Le Muet 1623)

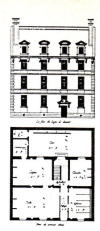

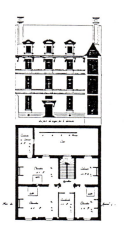

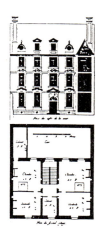

187

Fassaden niederländischer Patrizierhäuser (Vingboons 1648–1674)

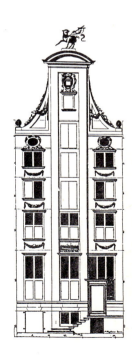

189

Fassaden und Grundrisse von Stadthäusern. Zu beachten sind Veränderungen, die infolge der Anwendung eines anderen Genus bzw. der weiteren Ausgestaltung des Grundrisses auftreten (Neufforge 1757–1780)

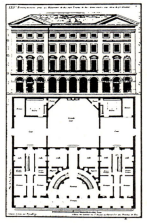
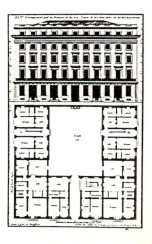

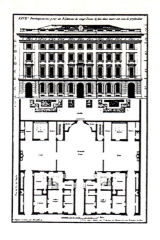

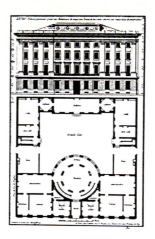

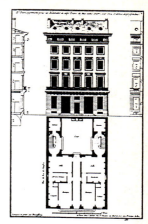

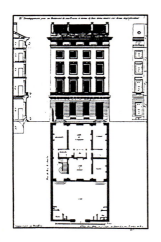

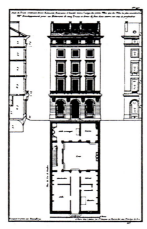

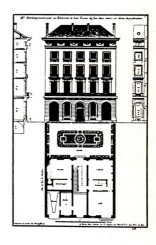

191

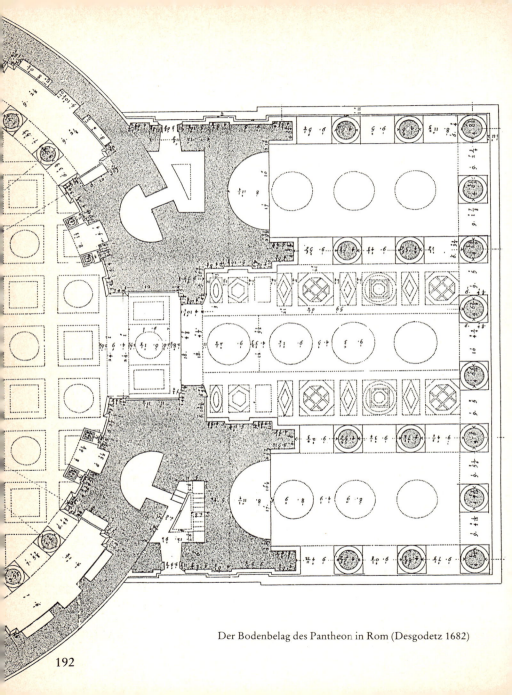

Der Bodenbelag des Pantheon in Rom (Desgodetz 1682)

192

3 Warum das Klassische?

Entaxis,
Konfrontationen und Konflikte

Klassische Gebäude mit ihrer kohärenten Gliederung, von welcher sie besessen zu sein scheinen, erscheinen ihrer Umgebung gegenüber gleichgültig, wenn nicht feindselig. Im Griechenland des Altertums schienen die Tempel jedem Bauwerk, das sich zufällig neben ihnen befand, die kalte Schulter zu zeigen, sogar wenn dieses Bauwerk ebenfalls ein Tempel war. Zwischen den beiden bestand keinerlei auf Taxis, Genera oder Symmetrie beruhende Beziehung, und es gab auch keine auf diesen Beziehungen beruhenden Muster. Erst mehrere Jahrhunderte später, im 19. Jahrhundert, änderte sich diese Haltung. Die Architekten wurden nun auf Beziehungen zwischen den Gebäuden und auf das Eingliederungsproblem eines Gebäudes in eine bestehende Ordnung aufmerksam; kurzum, sie begannen sich für die *Entaxis* zu interessieren, für das Eingliedern einer Welt in eine andere. Diese neue Ära der Ordnung war jedoch durch Konfrontationen und Konflikte gekennzeichnet.

Die offensichtliche Ungeordnetheit der Stätten des Altertums und das Fehlen einer formalen Logik der *Entaxis* wurden zum Problem. So entwickelten sich zwei Interpretationen. Man glaubte zum einen, daß die Gebäude wahllos auf einem Gelände plaziert worden seien, zum anderen, daß der Organisation des Geländes eine verborgene Ordnung zugrunde läge.

Der ersten Erklärung folgend, schlug Schinkel einen Palast für den Hügel der Akropolis zu Athen vor, in der verzweifelten Absicht, die Aufmerksamkeit des Betrachters von dem peinlichen Mangel an verwandtschaftlichen Beziehungen zwischen den Gebäuden der Antike abzulenken. Andere unternahmen den Versuch, die inneren logischen Zusammenhänge neu zu entdecken. Diese zweite Überlegung führte zu einer Reihe von Studien, wie z.B. der von Choisy (1899) und der von Doxiadis (1937) — wobei letztere vielleicht die ideenreichere ist. Doxiadis lehnte das offensichtlich unhaltbare Paradigma ab, wonach die Taxis bei einem Gebäude des griechischen Altertums unter Zuhilfenahme eines rechtwinkligen Rasterschemas identifiziert werden kann. Statt dessen schlug er ein kreisförmiges Raster vor. Innerhalb dieses Schemas wurden die Gebäude vom Mittelpunkt des Rasters aus unter einem Winkel betrachtet. So konnte man sie auf umfassendere Weise untersuchen und die Kohärenz des Systems testen. Man sieht auf einen Blick zwei Seiten eines Gebäudes, nicht nur die Fassade. Dieser Einfall wurde wahrscheinlich von Choisy (1899) entliehen. Der Meinung Doxiadis' zufolge existierte dieses kreisförmige Schema vor dem sogenannten hippodamischen System des 5. Jahrhunderts, das uns unter dem Begriff Gitter- bzw. rechtwinkliges Rasterschema bekannt ist.

Das Schema von Doxiadis fand seine außergewöhnliche Anwendung bei der Akropolis von Athen. Doxiadis stellte die Vermutung an, daß die Gebäude innerhalb des kreisförmigen Rasters die betonten Teile, die weite Aussicht auf die umliegende Landschaft die unbetonten Teile bildeten.

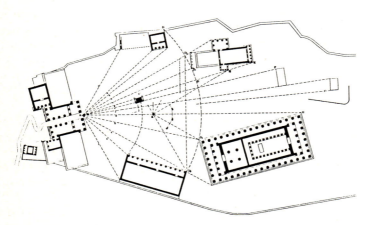

Auftreten eines kreisförmigen Rasters bei der Akropolis in Athen
(Doxiadis 1937)

Später übernahm Scully (1962) die Idee der Einbeziehung der Landschaft in die Komposition.

Doxiadis' Schema war scharfsinnig, aber es enthüllte eher die analytischen, spekulativen Fähigkeiten des Autors als die ursprüngliche räumliche Logik der Stätten des griechischen Altertums bzw. die klassische Betrachtungsweise der Komposition. Tatsächlich gab er den „Mangel an zeitgenössischen Referenzen" für ein solches System zu.

Textliche Urkunden weisen darauf hin, daß Gebäude in der klassischen Architektur als von ihrer Umgebung getrennt betrachtet wurden. Sehr häufig führten gewaltige Ansammlungen solcher klassischer Werke nicht zu einer größeren, umfassenderen Komposition, es sei denn, diese war von Anfang an als integriertes und komplexes Ganzes geplant, wie das Schloß von Versailles und die Palastentwürfe von Peyre, die wir hier zeigen. Sie tendierten eher dazu, Gefüge voller konzeptioneller Konflikte und Doppelsinnigkeiten sowie räumlicher Fragmentierung und Verunstaltung hervorzubringen.

Solche Stätten der versteinerten Konfrontationen werden schließlich von den späten Manieristen und den frühen Romantikern des 18. Jahrhunderts als Ausgangspunkt für ein neues formales Idiom angesehen werden, als ein räumliches Spiel, das die Einbeziehung unvollendeter, herausgeschnittener und zerbrochener Formen ermöglicht. Die klassische Architektur wurde nicht auf diese Art modifiziert. Sie wurde kritisiert mit dem Ziel, sie abzuschaffen. Entwerfer wie Piranesi, der in seiner formalen Manifestation der Machtlosigkeit, des Zusammenbruchs und der Unvollkommenheit ein allegorisches Bildnis des kulturellen Verfalls am Ende des *Ancien Régime* gefunden zu haben schien, war von solchen Verletzungen der *Taxis* fasziniert. Dies wird in seiner berühmten Abhandlung *Antichità Romane* (1748) deutlich.

Neben diesen örtlichen Konflikten zwischen individuellen, eigenständigen klassischen Werken hat es auf einer anderen Ebene Fälle nach außen gerichteter Kollision gegeben, Zusammenstöße zwischen einem eindringenden, aggressiven klassischen Stil und besonderen, regionalen Entwurfsstilen. Dies ist immer wieder bei jener Art städtischer Erneuerung aufgetreten, die von den Historikern als Antikisierung bezeichnet worden ist.

Antikisierung bedeutet, einer Stadt durch die Einführung klassisch geordneter Strukturen das Erscheinungsbild des alten Rom oder Athen zu verleihen. Oftmals handelte es sich bei diesen Maßnahmen um Provisorien, wie z.B. bei den „cérémonies à l'antique" — öffentlichen Ereignissen politischen Inhalts, meistens Dauerveranstaltungen. Das Phänomen wird um das 15. Jahrhundert an Rom, Florenz und den übrigen größeren Städten Italiens deutlich und breitet sich über die Städte des Nordens — Lyon und Paris, Antwerpen und London — überall in der Welt aus, bis in die Gegenwart.

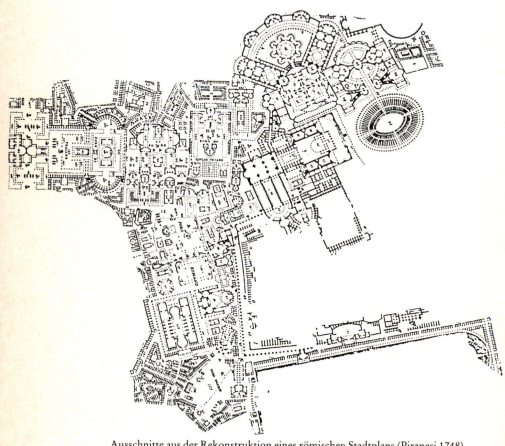

Ausschnitte aus der Rekonstruktion eines römischen Stadtplans (Piranesi 1748)

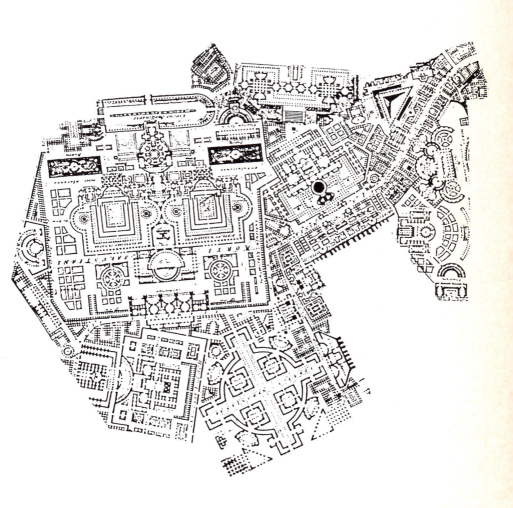

Aus Pierre Pattes Schriften über Paris geht hervor, daß eine der üblichen Methoden der Antikisierung darin bestand, ein korrigierendes Taxisschema, z.B. ein kreisförmiges Raster, in einen gegebenen Stadtteil einzufügen. Sehr oft wurden Räume innerhalb eines städtischen Gefüges durch ein Raster geordnet, das die Gebäudeorganisation als solche dann umkehrte. Statt einer geschlossenen, erschaffte es eine einschließende Welt. Alte Gebäude und Straßen wurden verstümmelt und „ausgerichtet", um dieser Ordnung zu genügen. Schließlich wurden Symmetrie und Genera dazu verwendet, ein dünnes, scheibenartiges Gebäude, manchmal sogar nur eine zweidimensionale Wandscheibe zu komponieren.

Es ist offensichtlich, daß diese Einfügungen und Einmischungen äußerst traumatische Folgen hatten. War dies das Ergebnis des Bemühens, das öffentliche Gesicht der Stadt, das Vorrang vor der privaten Sphäre einnahm, zu manifestieren? War das ‚Klassizieren' ein Widerstandsakt, eine kollektive Darstellung der Gesellschaft gegen die wachsende Aneignung des Raumes durch das Individuum? Oder handelte es sich um einen politischen Akt, ähnlich dem verzweifelten Bestreben eines despotischen Staates, Legitimation zu erlangen, um soziale Kontrolle ausüben und die innere Kolonisation städtischer Gebiete durch wirtschaftliche Interessen zu unterstützen? Historische Daten tragen dazu bei, viele Hypothesen zu bestätigen, wobei eine jede sich zwar auf das gleiche Phänomen, jedoch zu unterschiedlichen Zeiten und an unterschiedlichen Orten bezieht.

Die sich entwickelnden sozialen, ökonomischen und politischen Bedeutungen des Klassischen sind sehr komplex und liegen außerhalb des Rahmens dieser Betrachtung. Welche Absicht man auch mit diesen ‚klassizierenden' Eingriffen verfolgte, vom formalen Standpunkt aus standen diese Unternehmungen auf „gesamt"-städtischer Ebene sich selbst im Wege. Die Antikisierung führte dazu, daß Städte zerschnitten wurden und man ihnen ein fremdartiges Gewebe einpflanzte mit der Begründung, auf diese Weise formale Widersprüche auszumerzen. Dennoch verschwanden die Konflikte nicht. Sie verlagerten nur ihren Standort. Der Konflikt zwischen den Gebäuden wurde durch den zwischen der Fassade eines Gebäudes und dessen Grundriß ersetzt. Bei dem Bemühen, die klassische Sphäre auszudehnen, verloren daher diese städtischen Erneuerungen die wesentlichste Errungenschaft des klassischen Denkens, den *Temenos*, die Vorstellung von der Ganzheit eines Gebäudes als einer von Widersprüchen freien Welt.

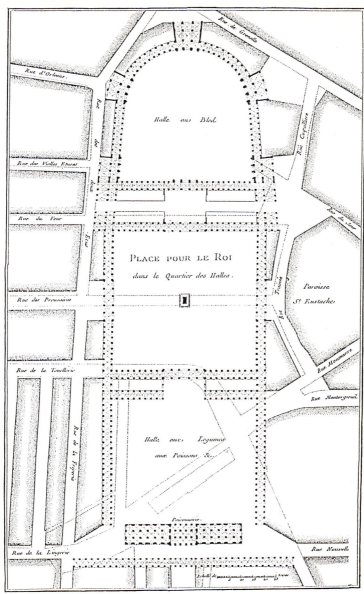

Patte (1765)

199

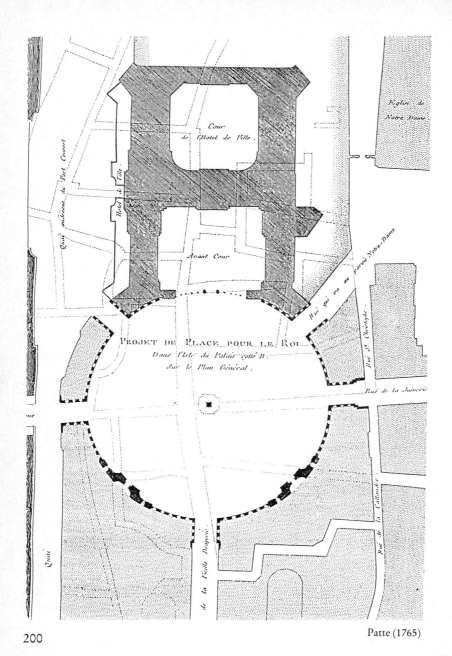

PROJET DE PLACE POUR LE ROI
Dans l'Isle du Palais côté B.
Sur le Plan Général.

200

Patte (1765)

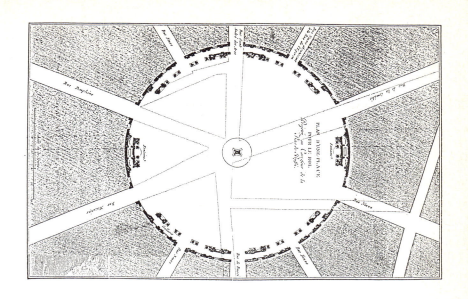

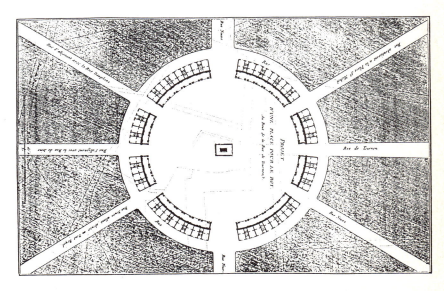

Das kritisch Klassische und seine tragische Funktion

Aus welchem Grunde ist es erstrebenswert, ein klassisches Gebäude, eine vollkommen geordnete Welt innerhalb einer Welt, ein *Temenos*, zu schaffen? Es sind einige Versuche unternommen worden, die klassische Architektur als die Verkörperung eines Konstruktionsprinzips zu erklären. Wenn Vitruv über einzelne geschnitzte oder gemeißelte Elemente bzw. Ornamente der Genera spricht, dann interpretiert er diese als Details, die ihren Ursprung in der Holzkonstruktion haben (IV, Buch II, 5). Die Genera sind *veris naturae deducta*, von der wahrhaftigen Natur abgeleitet. Das Gebäude ahmt die Wirklichkeit in ihrer letzten Gültigkeit nach; „was es in der Wirklichkeit nicht gibt", kann auch in der Imitation nicht korrekt behandelt werden. Seit jener Zeit sind verschiedene Details des klassischen Tempels − der Zahnschnitt und die Mutuli, die Triglyphen und die Guttae, der Abakus und der Echinus − oft als geometrisierte, geordnete „Abstraktion" bzw. „Verallgemeinerung" der Konstruktionselemente alter Holztempel beschrieben worden. Auf ähnliche Weise wurden der Portikus, die Stoa und das Atrium als „Abstraktion" bzw. „Verallgemeinerung" alter Holzkonstruktionstypen und letztlich der „archetypischen" primitiven Hütte angesehen, nun allerdings versteinert und kanonisiert.

Abstraktion und Verallgemeinerung sind Begriffe, die von den Philosophen in bezug auf die Wissenschaft und zu einem gewissen Grad auch in bezug auf andere kulturelle Gebiete, die Architektur eingeschlossen, entwickelt wurden. Diese Begriffe können zwar bestimmte Eigenschaften der klassischen Architektur beschreiben, vermögen jedoch nicht, diese zu erklären. Sie beziehen sich eher auf einen Schritt im Gesamtprozeß der Wissensbildung und -erweiterung, und sie sind dann anwendbar, wenn sich aufgrund vieler Einzelversuche eine neue Theorie entwickelt hat und mit ihr auch neue Gewohnheiten zum Vorschein kommen, in denen sich das neue Weltbild spiegelt. Die klassischen Gebäude und ihre formale Gliederung entstehen jedoch eindeutig nicht durch einen solchen Prozeß. Bei ihnen kommen Formen zur Anwendung, die von der Wirklichkeit abstrahiert und verallgemeinert sind, und diese Prozesse führen auch nicht zu Weltbildern, wie es die wissenschaftlichen Modelle tun, obwohl sie die Gewohnheiten durchaus beeinflussen. Sie verdeutlichen weder die Eigenschaften der Materialbelastbarkeit noch die des Kräfteverhaltens bzw. anderer Aspekte aus dem Gebiet der Konstruktion. Das soll aber nicht bedeuten, daß die klassische Architektur von der Realität, auch nicht von der Konstruktionsrealität, abgeschnitten ist. Es handelt sich lediglich um eine Beziehung anderer Art.

Zwischen den Konstruktionsmethoden der Holzbauweise und den Elementen der sogenannten klassischen Ordnungen bzw. der klassischen Architektur gibt es eine unbestreitbare verwandtschaftliche Beziehung. Dieselbe Beziehung besteht auch zwischen denjenigen ländlichen Gebäuden, die man überall im mittleren Osten, in Nordafrika und an der südlichen Mittelmeerküste findet und den auf Entwürfen beruhenden Gebäuden der klassischen Architektur. Selbstverständlich existiert aber auch das Gegenteil: eine deutliche Bindung an Formen, die einem eher abstrakt und unspezifisch als real und spezifisch erscheinen. Diese Bindung ist das Resultat einer besonderen Anwendungsweise der klassischen Architektur. Aufgrund dieser Anwendungsweise erfüllen die Gebäude der klassischen Architektur eine *kritische* Funktion, wobei diese Funktion durch einen besonderen Prozeß, den des *Aktualisierens*, zum Ausdruck kommt.

Das Aktualisieren in der Architektur steht im Zusammenhang mit den Theorien der Literaturpoetik, die sowohl um 1930 von der Prager Schule für Linguistik, insbesondere von Jan Mukařovský, aber auch von den russischen Formalisten der zwanziger Jahre formuliert wurden, von denen Viktor Šklovskij besonders in den Vordergrund trat. Nach dieser Theorie ist die Transformation der alltäglichen Sprache in eine poetische Sprache das wesentliche Kennzeichen eines literarischen Textes. Das „Aktualisieren" (abgeleitet vom tschechischen *aktualisace* bzw. die „vergröberte Form", wie Šklovskij es nannte, bringt bestimmte Charakteristika eines Textes zum Vorschein, die seine literarische Gliederung in phonetischer, grammatikalischer, syntaktischer und semantischer Hinsicht von der üblichen Anwendungsweise abweichen lassen. Dementsprechend hängt die poetische Identität eines Gebäudes nicht von seiner Stabilität, seiner Funktion oder der Effizienz seiner Baumaterialien ab, sondern beruht auf der Art und Weise, in der die oben genannten Elemente eingeschränkt, bezwungen bzw. rein formalen Anforderungen unterworfen worden sind.

Das Vorgehen der Architekten entspricht dem der Poeten: Sie sind weitaus mehr daran interessiert, „Entwürfe" zu arrangieren als sie zu kreieren, um Šklovkskij zu paraphrasieren. In poetischer Hinsicht ist Architektur ein Mittel, um die *Architektürlichkeit* eines Entwurfs zu „erleben"; der Entwurf selbst ist „nicht wichtig". Daraus folgt, daß, was ein klassisches Gebäude als poetisches Objekt von einem alltäglichen Gebäude unterscheidet, sich an der Oberfläche befindet, nämlich seine beabsichtigte formale

Gliederung. Aber jenseits dieses formalen Schleiers liegt der Vorgang des Aktualisierens, durch den ausgewählte charakteristische Eigenschaften der Konstruktion bzw. des Entwurfs in formale Muster gepreßt wurden. Die daraus resultierende Eigenschaft der Architektürlichkeit entsteht weder durch die Darstellung der Realität noch durch Befolgen psychologischer Energien. Sie ist das Ergebnis von Kräften, die letztendlich gesellschaftlicher Natur sind, Aspekte der Realität anwenden und sich Eigenschaften des Verstandes zunutze machen.

Die Beziehung zwischen der formalen Gliederung eines Gebäudes oder der hörbaren Ordnung eines Gedichts auf der einen Seite und den sozialen Bedürfnissen auf der anderen Seite wird oft mechanistisch verstanden. Šklovskij weist auf Herbert Spencers Anmerkungen über den Rhythmus in der Dichtkunst hin. Spencer hat die „unterschiedlichen Erschütterungen" des Körpers miteinander verglichen, die, wenn sie „in einer bestimmten Ordnung" immer wieder auftreten, es dem Körper erlauben, sich den „ungeordneten Artikulationen", die der Verstand empfängt, besser anzupassen, und die, wenn sie rhythmisch arrangiert sind, es dem Verstand gestatten, „seine Energien besser auszunutzen, indem er die für jede Silbe erforderliche Aufmerksamkeit im voraus erkennt". Für Spencer ist Rhythmus ein Mittel, um „Reibung und Trägheit", die „den Nutzeffekt vermindern", zu überwinden. Šklovskij kritisiert die ökonomische Interpretation des Rhythmus, die er als das „gemeinsame Stöhnen" der „Mitglieder einer Arbeitsmannschaft" bezeichnet. Diesem Ansatz stellt er eine von Tolstoi inspirierte Theorie gegenüber, nach der die Dichtkunst eine wesentlich komplexere Funktion hat, die das Vorhandensein von Gesellschaftskonflikten, das Bedürfnis nach Sozialkritik und das soziale Engagement der Dichtkunst als kritische Aktivität anerkennt.

Diese Funktion der Dichtkunst wie auch jeder anderen Kunstform besteht darin, dem destruktiven Einfluß des alltäglichen gesellschaftlichen Lebens und der etablierten sozialen Beziehungen entgegenzuwirken. Sie besteht darin, zum Stillstand zu bringen und zum Guten zu wenden, was, mit Tolstois Worten, „die Arbeit, die Kleidung, die Möbel, die Ehefrau und die Angst vor dem Krieg vernichtet": die abstumpfende Wirkung der Gewohnheit. Šklovskij weist auf die Eintragung vom 29. Februar 1897 in Tolstoijs Tagebüchern hin. Es ist lohnenswert, einen Teil davon hier zu zitieren:

„Ich war dabei, in meinem Zimmer aufzuräumen, und als ich bei meinem Rundgang zum Sofa kam, konnte ich mich nicht mehr erinnern, ob ich es saubergemacht hatte oder nicht. Weil diese Bewegungen gewohnt und unbewußt sind, kam ich nicht darauf und fühlte, daß es unmöglich war, sich noch daran zu erinnern. Also, wenn ich es schon saubergemacht hätte und hätte es vergessen, d.h. wenn ich unbewußt gehandelt hätte, dann wäre es ganz genau so, als wäre es nicht gewesen. Wenn jemand es bewußt gesehen hätte, könnte man es feststellen. Wenn aber niemand zugeschaut hätte, oder er hätte es gesehen, aber unbewußt, wenn das ganze komplizierte Leben bei vielen unbewußt verläuft, dann hat es dieses Leben gleichsam nicht gegeben."

Šklovskij zufolge beruht „Tolstois Methode, Gewissensbisse zu bereiten", auf der „Verfremdung" (ursprünglich abgeleitet von dem russischen Wort *ostranenie*). Er macht die Menschen auf ihre Lebensbedingungen aufmerksam, indem er die Umstände, mit denen sie sich alltäglich auseinandersetzen müssen, auf leicht abgeänderte Art und Weise darstellt.

Aristoteles hat bereits in seiner *Poetik* darauf hingewiesen, daß die Abweichung vom Gewohnten in der Sprache „das Ungewöhnliche" (Kap. 22) bewirke. Er verwendete sogar den Begriff „fremdartig" für Wörter, die in phonetischer, grammatikalischer, syntaktischer oder semantischer Hinsicht von der Norm abwichen. Das Aktualisieren gewisser Aspekte eines Gebäudes, das man in der klassischen Architektur beobachten kann, kann als eine solche notwendige Abweichung vom „normalen Idiom" verstanden werden, um Distanz zu den etablierten sozialen Vorstellungen und Gewohnheiten zu erzielen. Brechts Theorie der „Verfremdung" im Theater kommt zu bemerkenswert ähnlichen Ergebnissen.

Von diesem Standpunkt aus betrachtet erscheinen sowohl die *Taxis* als auch die anderen formalen Schemata der klassischen Architektur als störend und umständlich. Türen, Fenster, Wände, Brüstungen, Decken und Böden weichen von ihrer ursprünglichen Anwendungsweise ab, die ihnen durch Tragen, Aussteifen, Ziehen, Dämmen, Verbinden, Aufbewahren, Vermessen und ähnlich gewöhnliche Aufgaben auferlegt wird.

Folglich schafft die klassische Architektur einen *Temenos*, eine von der Welt losgelöste Welt. Das geschieht, indem die architektonischen Glieder so ausgerichtet, mit Abstand untereinander versehen, wiederholt und eingeteilt werden, daß sie ebenfalls von ihrer üblichen Anwendungsweise abweichen. Diese Abweichung weist jedoch nicht auf eine Krankheitserscheinung hin; im Gegenteil, die ihr zugrunde liegende Absicht ist therapeutischer Art.

Wie wir gesehen haben, läßt sich die architektonische Methode der poetischen Abweichung auf eine Gruppe architektonischer Glieder, aber auch auf diese Glieder selbst bzw. Teile dieser Glieder anwenden, und zwar in bezug auf eine Abänderung des Standortes, der Position, der Dimension, der Konfiguration und der Anzahl der jeweiligen Elemente. So entstehen neue räumliche Arrangements, neue kompositorische Ganzheiten, die neben der gewöhnlichen eine poetische Welt schaffen. Dabei setzt sich die poetische Welt bewußt der gewöhnlichen Welt entgegen. Die dadurch möglicherweise auftretenden Probleme beruhen nicht etwa auf einem Versehen, sondern auf einem gut überlegten Prozeß. Wie im Falle eines Temenos bedeutet auch hier die Gegenüberstellung dieser zwei Sphären Läuterung. Dennoch hat die Läuterung in der modernen Welt eine deutlich kritischere Bedeutung als die divinatorischen Absichten im Altertum. Das Gebäude, der Temenos, läßt sich als Urheber einer Katharsis verstehen, ähnlich der Tragödie. Es spiegelt die bestehende Realität wider, die es durch Aktualisierung auf einer höheren kognitiven Ebene neu gestaltet. Es bietet einen neuen Rahmen, aufgrund dessen man die Realität verstehen und mit dessen Hilfe man einen veralteten Rahmen hinweg „reinigen" kann. Dabei sind die Mittel formaler Art, die Wirkung ist kognitiver und der Zweck ist moralischer bzw. gesellschaftlicher Art.

Vom formalen Standpunkt aus betrachtet, hängt der Wert eines klassischen Werkes davon ab, wie gut die normativen Schemata der Taxis, der Genera und der Symmetrie, die man stillschweigend akzeptiert hat — die „Spielregeln", um einen Ausdruck Wittgensteins zu zitieren — in einer bestimmten Situation ausgeführt worden sind. Vom pragmatischen Standpunkt aus betrachtet und unter Berücksichtigung des sozialen Zwecks der klassischen Architektur, muß man nicht nur das ikonographische System, in das dieser sich einpaßt, untersuchen, sondern auch, auf welche Weise der klassische Kanon als Mittel zum Aktualisieren verwendet wird. Welche Beziehung besteht zwischen *Temenos* und Realität, was ist der kathartische Zweck und die tragische Funktion eines Gebäudes? Die aus dem Kanon entstehenden Formen sind wertlos, wenn sie im Hinblick auf die oben genannten Fragen als losgelöste Teileelemente betrachtet werden.

Aus diesem Grunde war es möglich, die klassische Formensprache so häufig und auf oft so widersprüchliche Weise neu zu interpretieren. Klassische Gebäude waren sowohl Teil einer „Antikisierungs"-Bewegung in der Renaissance als auch Vertreter der Militärkultur einer neuen Weltordnung der Wissenschaft, des Marktes, der Industrie und der eingeschränkten Demokratie. Man verwendete sie ebenfalls dazu, die Ideen des *Homo Fabricus* als *exemplum virtutis* der neuen Lebensform der Bourgeoisie während der Frührenaissance bzw. gegen Ende des 18. Jahrhunderts zu unterstützen. Aber bevor die republikanischen Propagandisten jener Zeit die klassische

Säule wiederentdeckten und sie als Ausstattungsstück zur Schaffung der äußeren Bedingungen für die politische Ermordung von Tyrannen benutzten (wie in Davids *Brutus*, 1789) bzw. dazu, die Idee des privaten Opfers zugunsten des öffentlichen Wohls zu fördern (wie in Davids *Sokrates*, 1787), existierte die klassische Säule problemlos im Herzen der Privathäuser des alten Regimes.

In diesem Jahrhundert hat Lewis Mumford unmißverständlich auf die ausdrückliche soziale Bindung des amerikanischen ‚klassizierenden‘ Wolkenkratzers an die Finanzwelt des Ostens der Vereinigten Staaten hingewiesen. Weitläufig bekannt ist auch die Vorliebe sowohl der Nazi-Kultur als auch der Sowjet-Kultur der Stalinära für den Klassizismus. In den zwanziger Jahren desselben Jahrhunderts wurde das Klassische mit seiner offensichtlich losgelösten diachronischen Unparteilichkeit als Argument für die Forderung nach Kunst um der Kunst willen verwendet. Dies geschah zu einem Zeitpunkt größeren sozialen und ökonomischen Umbruchs, der die Mobilisierung des kulturellen Potentials, die Architektur eingeschlossen, in einem Kampf von beispielloser sozialer Veränderung erforderte. Der Klassizismus, einst das Abbild der postfeudalen Bewegung der Ent-Institutionalisierung, findet sich im 19. und 20. Jahrhundert als treuer Vertreter von Institutionen des Adels und der Finanzwelt wieder.

Die Liste der widersprüchlichen Verwicklungen der klassischen Architektur ist zu lang und zu weit außerhalb der Reichweite dieser Betrachtung, als daß sie nicht deren Rahmen sprengte. So fundamentale Fragen, die die Veränderungen hinsichtlich Bedeutung und Zweck anbetreffen, sind für die klassische Architektur keineswegs etwas Besonderes. In der Architektur ist die Mehrdeutigkeit der architektonischen Form eher die Regel als die Ausnahme.

Aber diese Veränderungen hinsichtlich Bedeutung und Zweck, die eine extreme Bedingtheit mit sich bringen, untergraben weder den Rang der architektonischen Poetik noch die formale Analyse des Klassischen. Im Gegenteil, sie deuten darauf hin, wie schwierig die Aufgabe der architektonischen Interpretation und Bewertung ist, wenn man sowohl formale Idiome als auch semantische, soziale und historische Zusammenhänge berücksichtigt. Das Studium der ikonologischen Veränderung wäre äußerst hilfreich, und zwar nicht nur für die Architekturgeschichte, sondern auch für die zeitgenössische Architekturtheorie und -kritik.

Aufgrund dieser widersprüchlichen Bindungen ist die klassische Architektur nicht immer ein Mittel des Aktualisierens, des Verfremdens und der Katharsis gewesen. Der *Temenos* ist als ein freiheitsraubendes und abstumpfendes Mittel verwendet, der Kanon ist in ein großes Laboratorium zur Herstellung falschen Bewußtseins verwandelt worden. In diesen Fällen mußten das Aktualisieren und die Verfremdung einen völlig anderen Weg einschlagen: Der klassische Kanon, der selbst zu einer Verkörperung der „abstumpfenden Wirkung der Gewohnheit" geworden war, mußte zerstört werden. Ein neuer Weg mußte sich öffnen, ein Weg, der Symmetrien zerstörte, Achsen verschob, Ecken abbrach, über Grenzen hinweg sprengte, Hierarchisierung und Dreihebigkeit aufgab und sich statt dessen für regelmäßige Intervalle und unregelmäßige rhythmische Kadenzen bei gereihten Öffnungen entschied und andere Elemente, Mitglieder gleichen Ranges, nicht beachtete. Das „aktualisace", die formalen Beschränkungen und die Katharsis waren gezwungen, die klassischen Schemata der Taxis, der Symmetrie und der Genera aufzugeben und einen anderen, antiklassischen Kanon zu schaffen.

Dies war in der Vergangenheit mehrfach der Fall, und es kann auch in Zukunft wieder geschehen. Als Beispiele lassen sich die Entstehung des „Picturesque"* im 18. Jahrhundert und die Entwicklung des Konstruktivismus

---

* Englische Schule (18. Jh.) des landscape design (A.d.V.)

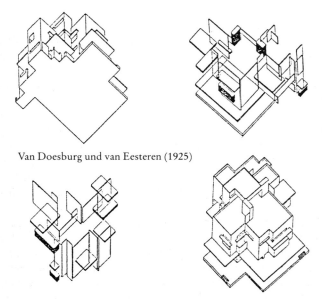

Van Doesburg und van Eesteren (1925)

208

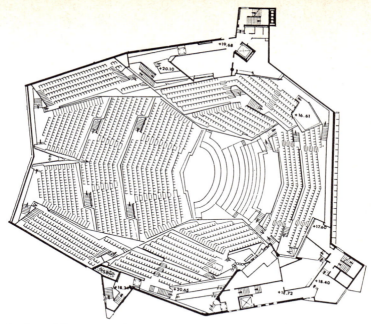

Berliner Philharmonie (Scharoun 1962–1964)

und des Stijl in unserem Jahrhundert heranziehen. Neue Ausdrucksformen des *Temenos* wurden entwickelt, die in den Augen der Konformisten der Klassischen unangenehm und schrecklich waren. Aber war der Klassizismus nicht einst selbst unangenehm und schrecklich in den Augen vieler, als er sich zu Beginn der Renaissance bzw. gegen Ende des 18. Jahrhunderts entwickelte?

Das Leugnen des klassischen Kanons muß nicht immer so drastisch gewesen sein wie in den Werken Lissitzkys oder Iakov Chernikhovs, Gerrit Rietvelds oder Theo van Doesburgs. Und nicht alle Versuche, einen antiklassischen musikalischen Kanon zu schaffen müssen so extrem verlaufen wie die Zwölftonmethode Arnold Schönbergs oder die serielle Musik Anton Weberns. Es hat viele gemäßigte Positionen und viele Mischformen des Kanons gegeben. Le Corbusiers Villa Savoye (1928/1929) weist gewisse Aspekte der klassischen Taxis- und Symmetrieschemata auf, während sie andere Aspekte verletzt und die Genera völlig ignoriert. Das gleiche läßt sich von Le Corbusiers klassischen Bauten für Chandigarh behaupten, und sicherlich auch für Crown Hall, das Haus Farnsworth und das Seagram-Gebäude von Ludwig Mies van der Rohe. Mies van der Rohes Werk wechselt ständig zwischen dem klassischen Kanon und dem Kanon des Stijl hin und her. Ähnliche Beobachtungen kann man bei Aldo van Eycks Entwurf für das Waisenhaus in Ijsbaanpad bei Amsterdam machen, bei dem beide Kanone zu einer perfekten formalen Mischung miteinander verbunden sind.

Dem klassischen Kanon noch ähnlicher sind die Bauten der italienischen Rationalisten der dreißiger Jahre, insbesondere das Werk Giuseppe Terragnis.

Das „Kitsch-Klassische" und das mit Zitaten operierende Klassische bilden eine noch intensivere Mischform von Teilen des klassischen Kanons. Aber der andere Teil der Mischung ist nicht antiklassisch und in der Tat nicht einmal Teil einer formalen Logik. Beide sind Ausdrucksformen von Hohlbildern der klassischen Kultur und führen häufig zu *„Als ob"*. Gebäuden, zu „bühnenbildartigen" Bauten, denen jegliche tragische, poetische Dimension genommen ist.

In der vorliegenden Interpretation wurden das Klassische, das „aktualisace" und die Verfremdung in den Vordergrund gestellt, Begriffe, die traditionsgemäß der Moderne zugeordnet werden. Hingewiesen wurde ebenfalls auf die Strenge und das Potential, das der kritischen Funktion von Taxis, Genera und Symmetrie innewohnt. Es war unsere Absicht, der klassischen Architektur — nachdem sie unter nicht-authentischem Zitieren im Dienste eines verwelkenden Elysiums der Nostalgie gelitten hat, unter einem Status, der dem einer wenn auch erstklassigen Bestattung gleichkommt — dazu zu verhelfen, wieder zu Kräften zu kommen. Und es war unsere Absicht, sie aus den leicht schäbigen Wartezimmern bankrotter Juristen, aus vor sich hin dämmernden Hotelrezeptionen herauszuholen; aus längst aufgegebenen, verschlossenen Lagerräumen, wie man sie an spätherbstlichen Nachmittagen in verfallenen mittelmeerischen Häfen findet; aus Gärten mit enthaupteten Säulen, erlahmten Bögen, zu eingebrochenen Terrassen führenden Treppen und Türrahmen mit Gebälk, die im Leeren stehen und durch die man nicht einmal gehen kann, weil Trümmer den Weg versperren.

Die Welt der klassischen Architektur ist eine Welt der Fragmente, die in ihrer unvollständigen Form als Abbilder der Dekomposition betrachtet, jedoch auch als unfertige Bilder einer gelobten Welt verstanden werden können. Der stehen gebliebenen goldenen Stunde in Claude Lorrains Landschaften ähnlich, lassen sie sich entweder als Teil der spätnachmittäglichen oder der Morgendämmerung verstehen. Die Zeit der uns noch umgebenden klassischen Fragmente weist in zwei entgegengesetzte Rich-

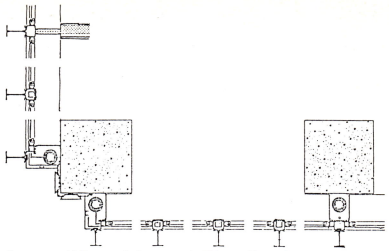

Commonwealth Promenade Apartments in Chicago. Akzentuierter
Gebäudeabschluß (L. Mies van der Rohe 1953−1956)

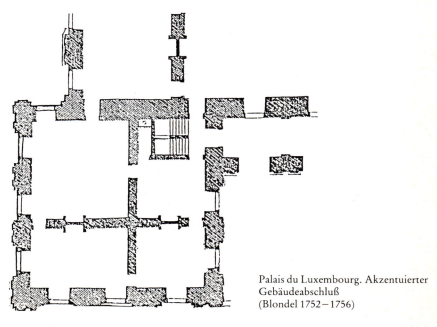

Palais du Luxembourg. Akzentuierter
Gebäudeabschluß
(Blondel 1752−1756)

211

tungen. Wir haben diejenige gewählt, die vom, um mit Lukács (1963) zu sprechen, „Grand Hotel Abgrund" wegführt.

Die Konzentration auf das kritische Potential des Klassischen mag ihren Grund darin haben, daß wir zu einer Generation der Krise, der Überproduktion sowie der Nachahmungskultur gehören, zu welcher der Zerfall der menschlichen Beziehungen auf allen Ebenen des Umgangs gehört, zu einer Epoche, die mit der Bedrohung durch die endgültige Vernichtung lebt. Kinder aus glücklicheren Zeiten mögen in dem Drang, auszurichten, einzuteilen und zu messen, von dem das Klassische besessen zu sein scheint, eine Disziplin des Verstandes erkennen. In den zahllosen neuen Definitionen des Spiels um Zwischenräume und Enden, Übereinanderstellung und Wiederholung mögen sie das Gebot entdecken, ein von Widersprüchen freies Werk zu schaffen. Und vielleicht erkennen sie im Klassischen eine Denkweise, die sich um innere Folgerichtigkeit bemüht und jeden Entwurfsschritt verbietet, der zwei einander widersprechende Handlungen innerhalb desselben Universums nebeneinander bestehen läßt, eine Denkweise also, der es um Vollständigkeit geht sowie darum, eine ausreichende Basis für das rigorose Geltungsrecht jedes Entwurfsschritts zu schaffen, der in dessen Bereich fällt. Sie mögen in diesem Imperativ, in diesem Gebot von Geordnetheit und Rationalität eine Suche innerhalb der Welt des Denkens sehen, aber doch auch ein Verlangen nach dem, was Thomas Mann das „höchstgeliebte(n) Bild(e) vollendeter Humanität" genannt hat.

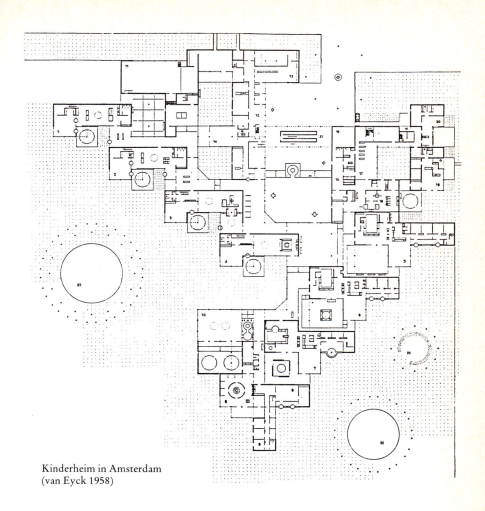

Kinderheim in Amsterdam
(van Eyck 1958)

Auswahlbibliographie

Ackermann, J.S., Sources of the Renaissance villa, in: *Acts of the Twentieth International Congress of the History of Art*. Princeton, N.J.: Princeton University Press 1963

Ders., *Palladio*, Stuttgart 1983

Ders., The Tuscan/Rustic order: A study in the metaphorical language of architecture in: *Journal of the Society of Architectural Historians* 42 März, S. 15–34

Adams, R., and Adams, J., *The Works in Architecture*, London 1773–1778

Aristoteles, *Poetik*. Eingeleitet, übersetzt und erläutert von M. Fuhrmann, München 1976

Apel, W., *Harvard Dictionary of Music*. Cambridge/Mass. 1972

Baxandall, M., *Painting and Experience in Fifteenth Century Painting*, Oxford 1972

Berwick, R.C. und A. Weinberg, *The Grammatical Basis of Linguistic Performance*, Cambridge/Mass. 1984

Blunt, A., *Art and Architecture in France, 1500–1700*, Harmondsworth 1970

Brudon, Ph., *Vers une poétique de l'architecture*, in: *Poétique*, 1983

Carpenter, R., *The Esthetic Basis of Greek Art*. Bloominton, Ind. 1959

Cesariano, C., *De Architectura*, Como 1521

Choisy, A., *Histoire de l'architecture*, Paris 1899

Chomsky, N., *La connaissance du langage*, in: *Communication* 40/1984

Delorme (de l'Orme), P., *Architecture*, Paris 1567

Doxiadis, C., *Raumordnung im griechischen Städtebau*, Berlin 1937

Durand, J.N.L., *Précis des leçons d'architecture données à l'Ecole Polytechnique*, Paris 1802–1805

Durm, J., *Die Baukunst der Griechen*, Leipzig ²1892

Ders., *Die Baukunst der Römer*, Stuttgart ²1905

Egbert, D.D., *The Beaux-Arts Tradition in French Architecture*, Princeton, N.J. 1980

Eliot, T.S., *Tradition and the individual talent*, (1919), in: *Selected Prose*, Hardmondsworth 1953

Ders., *Qu'est-ce qu'un classique?*, in: *De la poésie et de quelques poètes*, Paris 1964

Epstein, E.L., *Language and Style*, London 1978

Erlich, V., *Russian Formalism*, New Haven, Conn. 1981

Focíllon, H., *The Life of Forms in Art*, New York 1948

Fontanier, P., *Les figures du discours* (1818), Paris 1977

Forssman, E., *Dorisch, Ionisch, Korinthisch*, Stockholm, Göteborg, Uppsala 1961. Druckfehlerbereinigter Reprint Braunschweig, Wiesbaden 1984

Fowler, R., *Essays on Style and Language*, New York 1966

Frankl, P., *Das System der Kunstwissenschaft*, Brunn/Leipzig 1936

Ders., *Die Entwicklungsphasen der neueren Baukunst*, 1914

Freeman, D.C. (Hrsg.), *Essays in Modern Stylistics*, London 1981

Giedion, S., *Spätbarocker und romantischer Klassizismus*, München 1922

Greenhalgh, M., *The Classical Tradition in Art*, New York 1978

Halle, M., und S.J. Keyser, *Iambic pentameter*, in: *Essays in Modern Stylistics, hrsg. von D.C. Freeman, London 1981*

Hamlin, T.F., *Greek Revival Architecture in America*, New York 1944

Hautecœur, L., *Histoire de l'architecture classique en France* (1943), Paris 1952/1953

Hederer, O., *Klassizismus*, München 1976

Honour, H., *Neo-Classicism*, Harmondsworth 1968

Jakobson, R., *Poetry of Grammar and Grammar of Poetry*, in: *Lingua 21* (1968), S. 597–609

Ders., *The dominant*, in: *Readings in Russian Poetic*, hrsg. von L. Matejka und K. Pomorska. Cambridge, Mass. (1935), 1973

Kubler, G., *The Shape of Time*, New Haven, Conn. 1962

Leech, G.N., *A Linguistic Guide to English Poetry*, London 1969

Lemon, L.T. und M.J. Reis, *Russian Formalist Criticism*, Lincoln, Neb. 1965

Lerdahl, F. und R. Jackendorff, *A Generative Theory of Tonal Music*, Cambridge, Mass. 1983

Le Virloys, R., *Dictionnaire d'Architecture*, Paris 1770

Mann, T., Goethe und Tolstoi. Fragmente zum Problem der Humanität (1922), in: *Bemühungen*, Berlin 1925

Marr, D., *Vision*, San Francisco, Calif. 1982

Mukařovský, J., *Standard language and poetic language, in: A Prague School Reader on Esthetics, Literary Structure and Style*, hrsg. von Paul L. Garvin. Washington, D.C. 1964

Mumford, L., *Sticks and Stones (1924), New York 1955*

Momigny, J.J. de, *Concours complet d'harmonie et de composition*, Paris 1806

Palladio, A. *I Quattro Libri dell'Architettura*, Venedig 1570. * Dt. Die vier Bücher zur Architektur, Zürich 1983

Panofsky, E., Introduction to *Studies in Iconology: Humanistic Themes in the Art of the Renaissance* (1939), New York 1972

Ders., *Sinn und Deutung in der bildenden Kunst* (Meaning in the visual arts (1957)), Köln 1978

Papert, S., *Structures et catégories*, in: *Logique et connaissance scientifique*, hrsg. von J. Piaget, Paris 1967

Praz, M., *On Classicism*, London 1969

Preminger, A. (Hrsg.), *Princeton Encyclopedia of Poetry and Poetics*, Princeton, N.J. 1965

Ratner, L.G., *Classic Music: Expression, Form, and Style*, New York 1980

Riemann, H., *System der musikalischen Rhythmik und Metrik*, Leipzig 1903

Richardson, A.E., *Monumental Classic Architecture in Great Britain and Ireland (1914), New York 1982*

Robertson, D.S., *Greek and Roman Architecture*. Cambridge, England 1971

Rosen, C., *The Classical Style* (1967), New York and London 1971

Schopenhauer, A., *Die Welt als Wille und Vorstellung*, Zweiter Band, München 1911

Scully, V., *The Earth, the Temple, and the Gods*, New Haven, Conn. 1962

Šklovskij, V., *Die Kunst als Verfahren*, in: J. Striedter (Hrsg.), Russischer Formalismus, München 1971

Spencer, H., *The Philosophy of Style*, New York 1882

Stiny, G., *Introduction to Shape and Shape Grammars*, in: *Environment and Planning*, sec. B (1980), S. 5–18

Summerson, J., *Die klassische Sprache der Architektur* (1963), Braunschweig/Wiesbaden 1983

Turner, G. W., *Stylistics*, Harmondsworth 1973
Tzonis, A., *Towards a Non-Oppressive Environment* (1972), dt.: *Das verbaute Leben*, Düsseldorf 1973
Ders. und L. Lefaivre, *History of Architecture as a Social Science*, Harvard Graduate School of Design, Publication Series in Architecture, Cambridge/Mass. 1978
Dies., *The question of autonomy in architecture*, in: *The Harvard Architectural Review* 3/1984, S. 25–42
Valéry, P. *Eupalinos oder Der Architekt*, dt. von Rainer Maria Rilke, in: P. Valéry, *Gedichte*, frz. u. dt., *Die Seele und der Tanz, Eupalinos oder Der Architekt*, Reinbek 1962
Vitruv, Zehn Bücher über Architektur, übersetzt und mit Anmerkungen versehen von C. Fensterbusch, Darmstadt [2]1976
Winckelmann, J.J., *Geschichte der Kunst des Alterthums*, Dresden 1764
Wittgenstein, L., *Wittgenstein: Lectures and Conversations on Aesthetics, Psychology and Religious Belief*, hrsg. von Cyril Barrett, Berkely, Calif. 1967
Wittkower, R., *Architectural Principles in the Age of Humanism* (1949). Dt.: Grundlagen der Architektur im Zeitalter des Humanismus, München 1983
Wölfflin, H., *Renaissance und Barock*, 1888
Zeitler, R., Klassizismus und Utopia, Stockholm 1954

Bildquellen

Alberti, L.B., C. Bartoli, and J. Leoni, *Ten Books on Architecture*, London 1726
Barbaro, D., *I Dieci Libri . . . di Vitruvio*. Venedig 1567
Bertotti-Scamozzi, O., *Le fabbriche e i disegni di Andrea Palladio*, Venedig 1796
Blondel, J.F., *L'architecture française*, Paris 1752–1756
Briseaux, C.E., *Traité du beau essentiel dans les arts appliqué particulièrement à l'architecture*, Paris 1752
Campen, J. van, *Afbeelding van 't Stadt Huys van Amsterdam*, Amsterdam 1661
Cataneo, Senese P., *I quattro primi libri di architettura*, 1554
Cesariano, C. di Lorenzo, *De architectura*, Como 1521
Chambers, W., *A Treatise on the Decorative Part of Civil Architecture*, London 1791
Colonna, F., *Le Songe de Poliphile*, Paris 1546

Cousin, J., *Livre de perspective*, Paris 1560

Delorme, P., *L'architecture* (1561, 1567), Rouen 1648

Desgodetz, A., *Les édifices antiques de Rome*, Paris 1682

Doesburg, Th. van, and Cor van Eesteren, *L'architecture vivante*, 1925

Doxiadis, C., *Raumordnung im griechischen Städtebau*, Berlin 1937

Du Cerceau, J.A., *Livre d'architecture*, Paris 1559

Ders., *Leçons de perspective positive*, Paris 1576

Durand, J.N.L., *Precis des leçons d'architecture*, Paris 1802–1805

Durm, J., *Die Baukunst der Griechen* (1882), Leipzig 1910

Fiechter, E.R., and H. Thiersch, *Aegina, das Heiligtum der Aphaia*, München 1906

Gibbs, J., *A Book of Architecture*, London 1728

Guadet, J., *Elements et théorie de l'architecture*, *I*, Paris 1901–1904

Krafft, J.C., and N. Ransonnette, *Plans, coupes, élévations des plus belles maisons et des hôtels construits à Paris et dans les environs*, Paris 1801–1802

Lafever, M., *The Modern Builder's Guide*, 1883

Ledoux, C.N., *L'architecture considerée sous le rapport de l'art des moeurs et de la legislation*, Paris 1804

Le Muet, P., *Manière de bien bastir pour toutes sortes de personnes*, Paris 1623

Martin, J., *Architecture ou art de bien bâtir*, Paris 1547

Morris, R., *Lectures on Architecture*, London 1734

Ders., *Rural Architecture*, London 1750

Neufforge, J.F. de, *Recueil élémentaire d'architecture*, Paris 1757–1780

Pain, W., *The Builder's Companion*, London 1762

Ders., *British Palladio*, London 1786

Palladio, A., *I quattro libri dell'architettura*, Venedig 1570

Patte, P., *Monuments érigés en France à la gloire de Louis XV*, Paris 1765

Ders., *Mémoire sûr les objets les plus importants de l'architecture*, Paris 1769

Percier, C., and P.F.L. Fontaine, *Palais, maisons et autres édifices modernes dessinés à Rome*, Paris 1798

Perrault, C., *Les dix livres d'architecture*, Paris 1673

Peyre, M.J., *Œuvres d'architecture*, Paris 1765

Piranesi, F., *Antichità Romane de'Tempi della Repubblica e de'Primi Imperatori*, 1748

Ders., *Campo Marzio dell'Antica Roma*, 1762

Pozzo, A., *Perspectiva pictorum et architectorum Andreae Pútei e societate Jesu*, Rom 1693–1700

Rusconi, G., *Dell'architettura*, Venedig 1590

Scamozzi, V., *Idea dell'architettura universale*, Venedig 1615

Serlio, S., *Tutte l'opere d'architettura et prospettiva di Sebastiano Serlio Bolognese*, Venedig 1619. (Entveröffentlichung 1537, 1540, 1545, 1547, and 1575)

Thiersch, A., *Die Proportionen in der Architektur*, in: *Handbuch der Architektur* 1889, IV. Buch, 1. Kapitel

Villalpando, J.B., *Hieronymi Pradi et Ioannis Baptistae Villalpandi e Societate Iesu*, in: *Ezechielem Explanationes et Apparatus Urbis ac Templi Hierosolymitani Commentariis et Imaginibus Illustratus (I)*, Bd. 1 Rom 1596, Bde. 2 und 3 Rom 1604

Vingboons, P., *Afbeeldsels der voornaemste gebouwen, uyt alle die Philips Vingboons geordineert heeft*, Amsterdam 1648–1674

Ware, I., *A Complete Body of Architecture*, London 1768

Bauwelt Fundamente

---

*vergriffen